O GRANDE, O PEQUENO
E A MENTE HUMANA

FUNDAÇÃO EDITORA DA UNESP

Presidente do Conselho Curador
Herman Jacobus Cornelis Voorwald

Diretor-Presidente
José Castilho Marques Neto

Editor-Executivo
Jézio Hernani Bomfim Gutierre

Conselho Editorial Acadêmico
Alberto Tsuyoshi Ikeda
Célia Aparecida Ferreira Tolentino
Eda Maria Góes
Elisabeth Criscuolo Urbinati
Ildeberto Muniz de Almeida
Luiz Gonzaga Marchezan
Nilson Ghirardello
Paulo César Corrêa Borges
Sérgio Vicente Motta
Vicente Pleitez

Editores-Assistentes
Anderson Nobara
Henrique Zanardi
Jorge Pereira Filho

ROGER PENROSE

com
ABNER SHIMONY
NANCY CARTWRIGHT
STEPHEN HAWKING

organização de
MALCOLM LONGAIR

O GRANDE, O PEQUENO E A MENTE HUMANA

Tradução
Roberto Leal Ferreira

Copyright ® 1996 by Cambridge University Press

Título original em inglês:
The Large, the Small and the Human Mind.

Copyright © 1997 da tradução brasileira:
Fundação Editora da UNESP (FEU)

Praça da Sé, 108
01001-900 – São Paulo – SP
Tel.: (0xx11) 3242-7171
Fax: (0xx11) 3242-7172
www.editoraunesp.com.br
www.livrariaunesp.com.br
feu@editora.unesp.br

Dados Internacionais de Catalogação na Publicação (CIP)
(Câmara Brasileira do Livro, SP, Brasil)

O grande, o pequeno e a mente humana / Roger Penrose... (et. al.] ; organização de Malcolm Longair , tradução Roberto Leal Ferreira. – São Paulo : Fundação Editora da UNESP, 1998. – (UNESP/Cambridge)

Outros autores: Abner Shimony, Nancy Cartwright, Stephen Hawking
Título original: The Large, the Small, and the Human Mind.
ISBN 85-7139-200-5

1. Cartwright, Nancy 2. Física – Filosofia 3. Inteligência artificial 4. Pensamento 5, Shimony, Abner 6. Teorema de Gödel 7. Teoria quântica 1. Penrose, Roger. II. Shimony, Abner. III. Cartwright, Nancy, IV. Hawking, Stephen. V. Longair, Malcolm. VI. Série.

98-3190   CDD-006.3

Índice para catálogo sistemático
1. Inteligência artificial 006,3

Editora afiliada:

SUMÁRIO

Notas sobre os participantes   7

Prólogo de Malcolm Longair   9

1 Espaço-tempo e cosmologia   17

2 Os mistérios da física quântica   63

3 A física e a mente   105

4 Sobre mentalidade, mecânica quântica e a atualização de potencialidades
Abner Shimony   153

5 Porque física?
Nancy Cartwright   169

6 As objeções de um reducionista que não se envergonha de sê-lo
Stephen Hawking   177

7 Roger Penrose responde   181

Créditos das figuras   195

NOTAS SOBRE OS PARTICIPANTES

ROGER PENROSE é Rouse Ball Professor de Matemática na Universidade de Oxford.

ABNER SHIMONY é Professor Emérito de Filosofia e Física na Universidade de Boston.

NANCY CARTWRIGHT é Professora de Filosofia, Lógica e Método Científico na London School of Economics and Political Science.

STEPHEN HAWKING é Lucasian Professor de Matemática na Universidade de Cambridge.

PRÓLOGO DE
MALCOLM LONGAIR

Um dos mais encorajadores acontecimentos da última década foi a publicação de certo número de livros de autoria de eminentes cientistas, nos quais eles tentam comunicar ao leitor leigo a essência de sua ciência e o seu entusiasmo por ela. Dentre os exemplos mais notáveis, estão o sucesso extraordinário de *A Brief History of Time* [*Uma breve história do tempo*], de Stephen Hawking, que hoje faz parte da história editorial, o livro *Chaos* [*Caos*], de James Gleick, que mostra como um assunto intrinsecamente difícil pode ser tratado de modo bem-sucedido como uma excitante história de detetives, e *Dreams of a Final Theory* [*Sonhos de uma teoria final*], de Steve Weinberg, que torna a natureza e os objetivos da atual física de partículas notavelmente acessíveis e atrativos.

Nessa onda de popularização, o livro de Roger Penrose, *The Emperor's New Mind* [*A mente nova do rei*], de 1989, destaca-se como muito claramente diferente dos demais. Enquanto os outros autores procuravam comunicar o conteúdo da ciência contemporânea e o seu entusiasmo por ela, o livro de Roger era uma visão notavelmente original de como muitos aspectos aparentemente díspares da física, da matemática, da biologia, da ciência do cérebro e até da filosofia podiam ser subsumidos sob uma nova, ainda indefinida, teoria dos processos fundamentais. Não é surpresa que *A mente nova do rei* tenha provocado uma boa dose de controvérsia e, em 1994, Roger publicou um segundo livro, *Shadows of the Mind* [*Sombras da mente*], no qual tentou refutar algumas críticas aos seus argumentos e oferecer intuições e desenvolvimentos adicionais de suas ideias. Em suas Conferências Tanner, de 1995, apresentou uma visão geral dos temas centrais discutidos em seus dois livros e participou de uma discussão sobre eles com Abner Shimony, Nancy Cartwright e Stephen Hawking. As três conferências reproduzidas nos capítulos 1-3 deste livro fornecem uma singela introdução às ideias expostas com minúcia muito maior em seus dois livros, e as contribuições dos três debatedores nos capítulos 4, 5 e 6 levantam muitas das dúvidas que foram expressas a respeito delas. Roger tem a oportunidade de comentar essas dúvidas no capítulo 7.

Os capítulos escritos por Roger falam eloquentemente por si mesmos, mas algumas palavras introdutórias podem preparar o terreno para a abordagem particular que ele faz de alguns dos mais profundos problemas da ciência moderna. Ele foi reconhecido internacionalmente como um dos mais talentosos matemáticos contemporâneos, mas seu trabalho de pesquisa sempre se situou com firmeza num terreno realmente físico. O trabalho pelo qual ele é mais famoso na astrofísica e na cosmologia diz respeito a teoremas nas teorias relativísticas da gravidade, tendo uma parte desse trabalho sido realizada juntamente com Stephen Hawking. Um dos teoremas mostra que, inevitavelmente, de acordo com as teorias relativísticas clássicas da gravidade, dentro de um buraco negro deve haver uma singularidade física, ou seja, uma região de espaço em que a curvatura do espaço ou, de modo equivalente, a densidade da matéria, se torna infinitamente grande. O segundo proclama que, de acordo com as teorias relativísticas clássicas da gravidade, há inevitavelmente uma singularidade física semelhante na origem dos modelos cosmológicos do *big bang*. Esses resultados indicam que, em certo sentido, existe uma séria incompletude nessas teorias, uma vez que as singularidades físicas devem ser evitadas em todas as teorias fisicamente significativas.

Esse é, no entanto, apenas um aspecto de um enorme leque de contribuições a muitas diferentes áreas da matemática e da física matemática. O processo de Penrose é um meio pelo qual as partículas podem extrair energia da energia rotacional de buracos negros rotativos. Os diagramas de Penrose são usados para estudar o comportamento da matéria na vizinhança dos buracos negros. Subjacente à maior parte dessa abordagem, existe um fortíssimo senso geométrico, quase pictórico, que está presente ao longo dos capítulos 1-3. O grande público está mais familiarizado com esse aspecto de sua obra através das gravuras "impossíveis" de M. C. Escher e dos ladrilhos de Penrose. É curioso que tenha sido o artigo de Roger e seu pai, L. S. Penrose, que inspirou alguns dos desenhos "impossíveis" de Escher. Além disso, as gravuras de Escher sobre o *Circle Limit* são usadas para ilustrar o entusiasmo de Roger pelas geometrias hiperbólicas, no capítulo 1. Os ladrilhos de Penrose são notáveis construções geométricas em que um plano infinito pode ser completamente preenchido por ladrilhos de um pequeno número de formatos. Os mais incríveis exemplos desses ladrilhamentos são os que podem recobrir completamente um plano infinito, mas são não repetitivos – em outras palavras, a mesma forma de ladrilhos não se repete em nenhum ponto do plano infinito. Esse tema torna a aparecer no capítulo 3, ligado à questão se conjuntos específicos de procedimentos matemáticos precisamente definidos podem ou não ser realizados por computador.

Assim, Roger traz um formidável arsenal de armas matemáticas, bem como uma série extraordinária de êxitos na matemática e na física a alguns dos mais profundos problemas da física moderna. É inquestionável a realidade e a importância dos problemas colocados por ele. Os cosmólogos têm boas razões para estarem firmemente convencidos de que o *big bang* fornece a representação mais convincente de que dispomos para entendermos os aspectos de grande escala de nosso Universo. No entanto, ele está seriamente incompleto em numerosos aspectos. A maior parte dos cosmólogos está convencida de que dispomos de uma boa compreensão da física básica necessária para dar conta das propriedades gerais do Universo, desde aproximadamente o tempo em que ele tinha um milésimo de segundo de idade até os dias de hoje. No entanto, o quadro só dá certo se as condições iniciais forem cuidadosamente arranjadas. O grande problema é que saímos da física testada e experimentada quando o Universo tinha uma idade significativamente menor do que um segundo e temos, então, de confiar em razoáveis extrapolações das leis conhecidas da física. Sabemos bastante bem o que essas condições iniciais devem ter sido, mas por que elas chegaram a acontecer é matéria para especulação. Existe um consenso geral de que esses são alguns dos mais importantes problemas da cosmologia contemporânea.

Foi desenvolvido um esquema-padrão para tentar resolver esses problemas, conhecido como a imagem inflacionária do Universo inicial. Mesmo nessa imagem, supõe-se que certos aspectos de nosso Universo tiveram origem nos primeiríssimos tempos significativos, no que é conhecido como a época de Planck, e aí se torna necessário entender a gravidade quântica. Essa época se deu quando o Universo tinha apenas cerca de 10^{-43} segundos de idade, o que pode parecer algo extremo, mas, com base no que hoje sabemos, temos de levar a sério o que aconteceu nessas épocas muito extremas.

Roger aceita a imagem convencional do *big bang*, até certo ponto, mas rejeita a imagem inflacionária de suas fases iniciais. Acredita, pelo contrário, que esteja faltando uma física que deva ser associada com uma apropriada teoria quântica da gravidade, uma teoria de que ainda não dispomos, apesar do fato de alguns teóricos virem tentando resolver esse problema há muitos anos. Roger alega que eles vêm tentando resolver o problema errado. Parte de suas preocupações estão relacionadas com o problema da entropia do Universo como um todo. Uma vez que a entropia, ou, para usar uma linguagem mais simples, a desordem aumenta com o tempo, o Universo deve ter-se iniciado num estado altamente ordenado, de entropia muito pequena, sem dúvida. A probabilidade de isso ter acontecido por acaso é muitíssimo pequena. Alega Roger que esse problema deveria ser resolvido como parte da teoria correta da gravidade quântica.

A necessidade de quantização conduz à sua discussão, no capítulo 2, do problema da física quântica. A mecânica quântica e a sua extensão relativística na teoria quântica de campo foram magnificamente bem-sucedidas em dar conta de muitos resultados experimentais na física de partículas e nas propriedades dos átomos e das partículas. No entanto, passaram-se muitos anos antes que se reconhecesse o pleno significado físico da teoria. Como elegantemente mostra Roger, a teoria contém como parte de sua estrutura intrínseca aspectos altamente não intuitivos, que não têm paralelo na física clássica. Por exemplo, o fenômeno de não localidade significa que, quando se produz um par de partículas matéria-antimatéria, cada partícula conserva uma "memória" do processo de criação, no sentido de que não podem ser consideradas completamente independentes uma da outra. Como diz Roger, "o emaranhamento quântico é algo muito estranho. Está em algum lugar entre os objetos que estão separados e os que estão em comunicação recíproca". A mecânica quântica também nos permite obter informação acerca de processos que poderiam ter acontecido, mas não aconteceram. O mais impressionante exemplo por ele discutido é o espantoso problema do teste de bombas de Elitzur-Vaidman, que ilustra exatamente quão diferente da física clássica é a mecânica quântica.

Esses aspectos não intuitivos são parte da estrutura da física quântica, mas existem problemas mais profundos. Os problemas em que Roger se concentra dizem respeito à maneira como relacionamos fenômenos que ocorrem no nível quântico com o nível macroscópico da realização de uma observação de um sistema quântico. Essa é uma área controvertida. A maior parte dos físicos em atividade simplesmente usa as regras da mecânica quântica como ferramentas computacionais que dão respostas extraordinariamente acuradas. Se aplicarmos as regras corretamente, teremos as respostas corretas. Isso, no entanto, implica um processo um tanto deselegante de tradução de fenômenos do mundo linear e simples do nível quântico para o mundo da experiência real. Esse processo implica o que é conhecido como "o colapso da função de onda" ou "redução do vetor de estado". Acredita Roger que algumas peças fundamentais de física estejam faltando na imagem convencional da mecânica quântica. Alega que é necessária uma teoria completamente nova, que incorpore o que ele chama de "redução objetiva da função de onda" como uma parte integral da teoria. Essa nova teoria deve reduzir-se à mecânica quântica convencional e à teoria quântica de campo no limite apropriado, mas provavelmente trará consigo novos fenômenos físicos. Neles podem estar as soluções para o problema de quantizar a gravidade e a física do Universo inicial.

No capítulo 3, Roger procura descobrir aspectos comuns entre a matemática, a física e a mente humana. Muitas vezes surpreende o fato de que a mais rigorosamente lógica das ciências, a matemática abstrata, não possa ser programada num computador digital, seja qual for a sua precisão ou o tamanho de sua memória. Tal computador não pode descobrir teoremas matemáticos da mesma maneira como os matemáticos os descobrem. Essa conclusão surpreendente é derivada de uma variante do chamado teorema de Gödel. A interpretação de Roger é que isso significa que os processos de pensamento matemático e, por extensão, todo pensamento e todo comportamento consciente são realizados por meios "não computacionais". Esse é um indício muito importante, pois a nossa intuição nos diz que uma imensa variedade de nossas percepções conscientes também é "não computacional". Por causa da importância central desse resultado para o seu argumento geral, ele usou mais da metade de *Shadows of the Mind* para mostrar que a sua interpretação do teorema de Gödel era inatacável.

A visão de Roger é que, de algum modo, os problemas da mecânica quântica e os problemas da consciência compreensiva estão relacionados de várias maneiras. A não localidade e a coerência quântica sugerem, em princípio, maneiras como amplas áreas do cérebro poderiam agir coerentemente. Acredita ele que os aspectos não computacionais da consciência estejam relacionados com os processos não computacionais que podem estar implicados na redução objetiva da função de onda a observáveis macroscópicos. Não contente em simplesmente enunciar princípios gerais, tenta identificar os tipos de estrutura no cérebro que possam ser capazes de sustentar esses tipos de novos processos físicos.

Este sumário não faz justiça à originalidade e à fertilidade dessas ideias e ao brilho com que elas são desenvolvidas neste livro. Ao longo da exposição, vários temas subjacentes desempenham um papel importante na determinação da direção desse pensamento. Talvez o mais importante seja a notável habilidade matemática na descrição dos processos fundamentais do mundo natural. Como diz Roger, o mundo físico, em certo sentido, emerge do mundo platônico da matemática. Mas não derivamos uma nova matemática da necessidade de descrever o mundo ou de fazer que experiências e observações se ajustem a regras matemáticas. O entendimento da estrutura do mundo pode vir de amplos princípios gerais e da própria matemática.

Não é de espantar que essas propostas ousadas tenham sido objeto de controvérsia. Uma amostra de muitas das preocupações expressas por especialistas vindos de ambientes intelectuais muito diferentes é dada pelas contribuições dos debatedores. Abner Shimony concorda com Roger acerca de alguns de seus objetivos – concorda que exista certa incompletude na formulação-padrão da mecânica quântica, nas mesmas linhas indicadas por Roger, e concorda que conceitos da mecânica quântica sejam relevantes para o entendimento da mente humana. Afirma, no entanto, que Roger "é um alpinista que tentou escalar a montanha errada" e sugere maneiras alternativas de considerar as mesmas áreas de interesse de modo construtivo. Nancy Cartwright levanta a questão básica se a física é ou não o ponto de partida correto para entender a natureza da consciência. Também coloca o problema espinhoso de como as leis que governam disciplinas científicas diferentes podem realmente ser derivadas umas das outras. O mais crítico de todos é

Stephen Hawking, velho amigo e colega de Roger. Em muitos aspectos, a posição de Hawking é a mais próxima do que pode ser chamado de posição-padrão do físico "médio". Desafia Roger a desenvolver uma teoria detalhada da redução objetiva da função de onda. Nega que a física tenha algo valioso a dizer acerca do problema da consciência. Todas essas são questões justificáveis, mas Roger defende a sua posição em sua resposta aos debatedores no capítulo final deste livro.

Aquilo em que Roger foi bem-sucedido consiste na criação de uma visão ou de um manifesto sobre como a física matemática pode desenvolver-se no século XXI. Ao longo dos capítulos 1-3, ele cria uma narrativa coerente, que sugere como cada uma das partes da história pode caber numa imagem coerente de um tipo completamente novo de física que incorpore sua preocupação central com a não computabilidade e com a redução objetiva da função de onda. O teste desses conceitos dependerá da habilidade de Roger e de outros em dar à luz a realização desse novo tipo de teoria física. E mesmo que esse programa não seja imediatamente bem-sucedido, será que as ideias inerentes ao conceito geral serão férteis para o futuro desenvolvimento da física teórica e da matemática? Seria muito surpreendente, sem dúvida, que a resposta fosse "não".

1

ESPAÇO-TEMPO E COSMOLOGIA

O título deste livro é *O grande, o pequeno e a mente humana*, e o assunto deste primeiro capítulo é o Grande. O primeiro e o segundo capítulos tratam de nosso Universo físico, que represento muito esquematicamente como a "esfera" da Figura 1.1. No entanto, estes não serão capítulos "botânicos", que lhes digam em pormenor o que está aqui e o que está ali em nosso Universo, mas antes quero concentrar-me no entendimento das leis reais que governam a maneira como o mundo se comporta. Uma das razões pelas quais optei por dividir minhas descrições das leis físicas entre dois capítulos, a saber, o Grande e o Pequeno, é que as leis que governam o comportamento em grande escala do mundo e aquelas que o fazem em pequena escala parecem ser muito diferentes. O fato de que elas pareçam ser tão diferentes e o que possamos ter de fazer acerca dessa aparente discrepância são centrais para o assunto do capítulo 3 – que é aquele em que entra a mente humana.

Uma vez que falarei sobre o mundo físico nos termos das teorias físicas que subjazem ao seu comportamento, terei também de dizer alguma coisa sobre um outro mundo, o mundo platônico dos absolutos, em seu papel particular como o mundo da verdade matemática. Pode-se muito bem adotar a ideia de que o

FIGURA 1.1.

"mundo platônico" contenha outros absolutos, como o Bem e o Belo, mas aqui me preocuparei apenas com os conceitos platônicos da matemática.

Alguns acham difícil conceber esse mundo como existindo em si mesmo. Podem preferir pensar os conceitos matemáticos simplesmente como idealizações de nosso mundo físico – e, nessa concepção, o mundo matemático seria pensado como algo que emerge de nosso mundo de objetos físicos (Figura 1.2).

Ora, não é assim que eu concebo a matemática, nem tampouco, creio eu, como a maior parte dos matemáticos ou dos físicos matemáticos pensam sobre o mundo. Eles pensam sobre ele de um jeito muito diferente, como uma estrutura precisamente governada de acordo com leis matemáticas atemporais. Assim, eles preferem pensar o mundo físico, de modo mais apropriado, como algo que emerge do mundo ("atemporal") da matemática, como ilustra a Figura 1.3. Essa ilustração será importante para o que direi no capítulo 3, e também subjaz à maior parte do que direi nos capítulos 1 e 2.

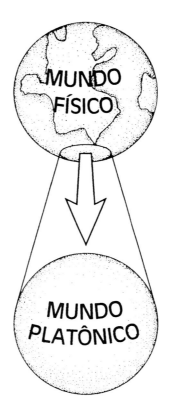

FIGURA 1.2.

Uma das coisas notáveis acerca do comportamento do mundo é que ele parece fundamentar-se na matemática num grau totalmente extraordinário de precisão. Quanto mais entendemos sobre o mundo físico, quanto mais profundamente entramos nas leis da natureza, mais parece que o mundo físico quase se evapora e ficamos apenas com a matemática. Quanto mais profundamente entendemos as leis da física, mais somos conduzidos para dentro desse mundo da matemática e de conceitos matemáticos.

Consideremos as escalas com que temos de lidar no Universo e também o papel de nosso lugar no Universo. Posso resumir todas essas escalas num único diagrama (Figura 1.4). No lado esquerdo do diagrama, são mostradas escalas de tempo, e, no lado direito, estão as escalas de distância correspondentes. Na parte de baixo do diagrama, no lado esquerdo, está a menor escala de tempo fisicamente significativa. Essa escala de tempo é de cerca de 10^{-43} de segundo e com frequência é chamada *escala de tempo de Planck*, ou "crônon". Esta escala de tempo é muito mais breve do que qualquer coisa experimentada na física de partículas. Por exemplo, as partículas de vida mais curta, as chamadas ressonâncias, duram cerca de 10^{-23} de segundo. Mais acima no diagrama, à esquerda, aparecem o dia e o ano, e, na parte de cima, a idade presente do Universo.

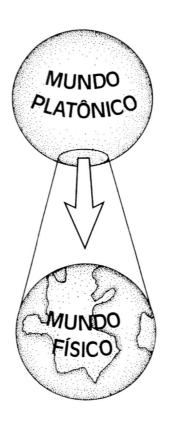

FIGURA 1.3

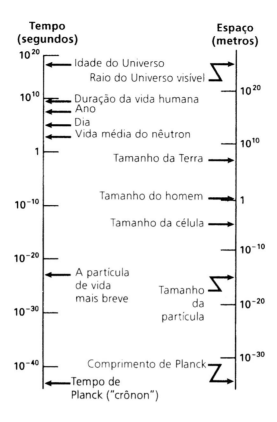

FIGURA 1.4 – Tamanhos e escalas de tempo no Universo.

Na parte direita do diagrama, são mostradas as distâncias correspondentes a essas escalas de tempo. O comprimento correspondente ao tempo de Planck (ou crônon) é a unidade fundamental de comprimento, chamada *comprimento de Planck*. Esses conceitos do tempo e do comprimento de Planck aparecem naturalmente quando tentamos combinar as teorias físicas que descrevem o grande e o pequeno, ou seja, combinar a relatividade geral de Einstein, que descreve a do muito grande, com a mecânica quântica, que descreve a física do muito pequeno. Quando essas teorias são postas lado a lado, esses comprimentos e tempos de Planck revelam-se fundamentais. A tradução do eixo esquerdo do diagrama para o direito acontece via velocidade da luz, de forma que os tempos podem ser traduzidos em distâncias perguntando-se qual a distância que um sinal de luz poderia percorrer nesse tempo.

Os tamanhos dos objetos físicos representados no diagrama vão de cerca de 10^{-15} de metro, no caso do tamanho característico das partículas, até cerca de 10^{27} metros, no caso do raio do Universo observável atualmente, que é aproximadamente a idade do Universo multiplicada pela velocidade da luz. É curioso notar onde *nós* estamos no diagrama, ou seja, a escala humana. Com relação às dimensões espaciais, pode-se ver que estamos mais ou menos no meio do diagrama. Somos enormes, comparados ao comprimento de Planck; mesmo comparados ao tamanho das partículas, somos muito grandes. No entanto, comparados com a escala de distância do Universo observável, somos minúsculos. De fato, somos muito menores comparados com ele do que somos grandes comparados às partículas. De outro modo, em relação às dimensões temporais, a duração da vida humana é quase tão longa quanto o Universo! Fala-se sobre a natureza efêmera da existência, mas, quando consideramos a duração da vida humana, como mostrada no diagrama, podemos ver que não somos absolutamente efêmeros – vivemos mais ou menos tanto quanto o próprio Universo! Evidentemente, isso aparece assim visto numa "escala logarítmica", mas é isso o que naturalmente devemos fazer quando lidamos com dimensões enormes como essas. Em outras palavras, o número de durações de vidas humanas que compõem a vida do Universo é muito, muito menor do que o número de tempos de Planck, ou mesmo de tempos de vida das partículas de vida mais breve que compõem o tempo de uma vida humana. Assim, somos realmente estruturas muito estáveis no Universo. No que tange a tamanhos espaciais, estamos bem no meio – não experimentamos diretamente nem a física do muito grande, nem a do muito pequeno. Estamos bem no intervalo que separa os dois extremos. Na realidade, vistos logaritmicamente, todos os objetos vivos, das simples células até as árvores e as baleias, têm, *grosso modo*, o mesmo tamanho intermediário.

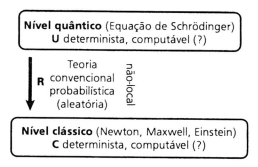

FIGURA 1.5.

Que tipos de física se aplicam a essas diferentes escalas? Apresento aqui o diagrama que resume o todo da física (Figura 1.5). Tive de omitir alguns detalhes, evidentemente, tais como todas as equações! Mas estão indicadas as teorias básicas e essenciais usadas pelos físicos.

O ponto-chave é que, na física, usamos dois tipos muito diferentes de procedimento. Para descrevermos o comportamento em pequena escala, usamos a mecânica quântica – o que descrevemos como o nível quântico na Figura 1.5. Falarei muito mais sobre isso no capítulo 2. Uma das coisas que se dizem sobre a mecânica quântica é que ela é pouco nítida e indeterminista, mas isso não é verdade. Enquanto permanecemos nesse nível, a teoria quântica é determinista e precisa. Na sua forma mais familiar, a mecânica quântica implica o uso da equação conhecida como equação de Schrödinger, que rege o comportamento do estado físico de um sistema quântico – o seu chamado *estado quântico* – e é uma equação determinista. Usei a letra **U** para descrever essa atividade do nível quântico. A indeterminação só aparece na mecânica quântica quando realizamos o que se chama "fazer uma medição", e isso implica magnificar um evento do nível quântico para o nível clássico. Falarei muito a esse respeito no capítulo 2.

Na grande escala, usamos a física clássica, que é inteiramente determinista – entre essas leis clássicas estão as leis do movimento de Newton, as leis de Maxwell para o campo eletromagnético, que inclui a eletricidade, o magnetismo e a luz, e as teorias da relatividade de Einstein, a teoria restrita, que trata de grandes velocidades, e a teoria geral, que trata de grandes campos gravitacionais. Essas leis aplicam-se com muita, muita exatidão em grande escala.

Apenas como uma nota de rodapé à Figura 1.5, pode-se ver que incluí uma observação acerca da "computabilidade" na física quântica e na física clássica. Isso não é relevante para esse capítulo ou para o capítulo 2, mas será importante no capítulo 3, e ali voltarei a tratar da questão da computabilidade.

No que diz respeito ao resto do presente capítulo, tratarei principalmente da teoria da relatividade de Einstein – especificamente, como funciona a teoria, sua exatidão extraordinária e algo acerca de sua elegância como teoria física. Mas antes, consideremos a teoria newtoniana. A física newtoniana, exatamente como no caso da relatividade, permite que se use uma descrição do espaço-tempo. Isso foi formulado precisamente pela primeira vez por Cartan, no que se refere à gravidade newtoniana, algum tempo depois que Einstein apresentou a sua teoria geral da relatividade. A física de Galileu e Newton é representada num espaço-tempo para o qual existe uma coordenada global de tempo, aqui ilustrada como ascendente no diagrama (Figura 1.6); e, para cada valor constante do tempo, existe uma seção de espaço que é um espaço tridimensional euclidiano, aqui representado como planos horizontais. Um aspecto essencial da imagem do espaço-tempo newtoniano é que essas fatias de espaço ao longo do diagrama representam momentos de simultaneidade.

Assim, tudo o que acontece na segunda-feira ao meio-dia está numa fatia horizontal do diagrama do espaço-tempo; tudo o que acontece na terça-feira ao meio-dia fica na fatia seguinte mostrada no diagrama, e assim por diante. O tempo corta o diagrama do espaço-tempo, e as seções euclidianas seguem umas às outras enquanto o tempo vai avançando. Todos os observadores, pouco importa como se movam pelo espaço-tempo, podem concordar a respeito do tempo em que os eventos ocorrem, pois todos usam a mesma fatia de tempo para medir como o tempo passa.

Na teoria da relatividade restrita de Einstein, temos de adotar uma representação diferente. Nela, a imagem do espaço-tempo é absolutamente essencial – a diferença crucial é que o tempo não é a coisa universal que é na teoria newtoniana. Para avaliar como são diferentes as teorias, é necessário entender uma parte essencial da teoria da relatividade, ou seja, as estruturas conhecidas como *cones de luz*.

Que é um cone de luz? Um cone de luz aparece na Figura 1.7. Imaginemos um clarão de luz que ocorra em algum ponto em algum instante – ou seja, num *evento* no espaço-tempo –, com as ondas de luz se propagando a partir desse evento, a origem do clarão, com a velocidade da luz. Numa imagem puramente espacial (Figura 1.7b), podemos representar as trajetórias das ondas de luz através do espaço como uma esfera que se expanda à velocidade da luz. Podemos agora traduzir esse movimento das ondas de luz num

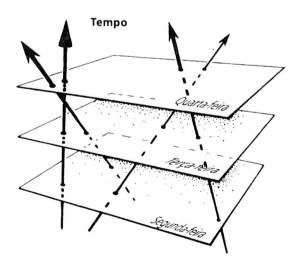

FIGURA 1.6 – Espaço-tempo galileano: as partículas em movimento uniforme são representadas como linhas retas.

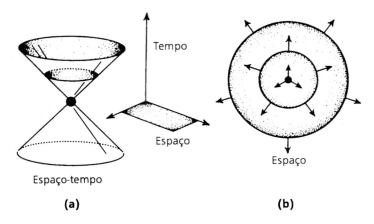

FIGURA 1.7 – A representação da história de um raio de luz em termos de sua propagação no (a) espaço-tempo e (b) no espaço.

diagrama espaçotemporal (Figura 1.7a) em que o tempo corre verticalmente no diagrama e as coordenadas espaciais se referem a deslocamentos horizontais, exatamente como na situação newtoniana da Figura 1.6. Infelizmente, na imagem espaçotemporal plena (Figura 1.7a) só podemos representar duas dimensões espaciais horizontalmente no diagrama, porque o espaço-tempo de nossa Figura é apenas tridimensional. Ora, vemos que o clarão é representado por um ponto (evento) na origem e que as trajetórias posteriores dos clarões de luz (ondas) cortam os planos horizontais a espaciais" em círculos, cujos clarões crescem à velocidade da luz pelo diagrama acima. Pode-se ver que as trajetórias dos clarões de luz formam cones no diagrama espaçotemporal. O cone de luz, assim, representa a história desse clarão de luz – a luz propaga-se a partir da origem ao longo do cone de luz, quer dizer, à velocidade da luz, na direção do futuro. Os clarões de luz também podem chegar à origem pelo cone de luz vindos do passado – essa parte do cone de luz é conhecida como cone de luz passado e toda informação levada ao observador por ondas de luz chega à origem através desse cone.

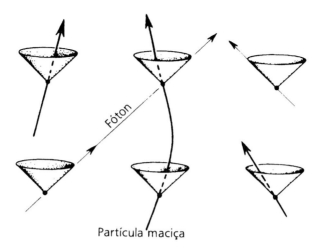

FIGURA 1.8 – Ilustração do movimento de uma partícula no espaço-tempo da relatividade restrita, conhecido como espaço-tempo de Minkowski ou geometria de Minkowski. Os cones de luz em diferentes pontos do espaço-tempo são alinhados e as partículas só podem viajar dentro de seus cones de luz futuros.

Os cones de luz representam as estruturas mais importantes do espaço-tempo. Em particular, representam os limites da influência causal. A história de uma partícula no espaço-tempo é representada por uma linha que se eleva pelo diagrama espaçotemporal, e essa linha tem de estar dentro do cone de luz (Figura 1.8). Isso é apenas outra maneira de dizer que uma partícula material não pode viajar mais rapidamente do que a velocidade da luz. Nenhum sinal pode ir de dentro para fora do cone de luz futuro e assim o cone de luz de fato representa os limites da causalidade.

Existem algumas propriedades geométricas notáveis relacionadas com os cones de luz. Consideremos dois observadores que se movam a diferentes velocidades através do espaço-tempo. Ao contrário do caso da teoria newtoniana, em que os planos de simultaneidade são os mesmos para todos os observadores, não existe simultaneidade absoluta na relatividade. Os observadores que se

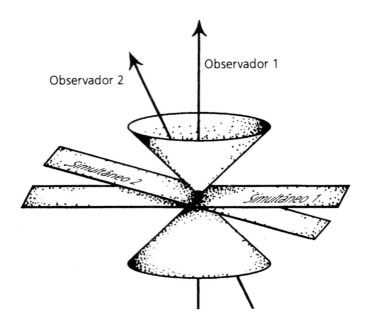

FIGURA 1.9 – Ilustração da relatividade da simultaneidade segundo a teoria da relatividade restrita de Einstein. Os observadores 1 e 2 movem-se relativamente um ao outro através do espaço-tempo. Os eventos que são simultâneos para o observador 1 não o são para o observador 2, e vice-versa.

movem a diferentes velocidades traçam seus próprios planos de simultaneidade como diferentes seções através do espaço-tempo, como ilustra a Figura 1.9. Existe uma maneira muito bem definida de transformação de um plano para outro, conhecida como *transformação de Lorentz*, constituindo essas transformações o que é chamado de *grupo de Lorentz*. A descoberta desse grupo foi um ingrediente essencial na descoberta da teoria da relatividade restrita de Einstein. O grupo de Lorentz pode ser entendido como um grupo de transformações (lineares) espaçotemporais, deixando invariante um cone de luz.

Também podemos examinar o grupo de Lorentz de um ponto de vista ligeiramente diferente. Como ressaltei, os cones de luz são as estruturas fundamentais do espaço-tempo. Imagine que você é um observador situado em algum lugar do espaço, olhando para o Universo. O que você vê são os raios de luz vindos das estrelas até os seus olhos. Segundo o ponto de vista do espaço-tempo, os eventos que você observa são as intersecções das linhas de universo das estrelas com o seu cone de luz passado, como ilustra a Figura 1.10a. Você observa ao longo de seu cone de luz passado as posições das estrelas em pontos particulares. Esses pontos parecem estar situados na esfera celestial que parece rodeá-lo. Imagine agora outro observador, movendo-se a grande velocidade em relação a você, que passe perto de você no momento em que vocês dois olham para o céu. Esse segundo observador percebe as mesmas estrelas que você, mas as vê situadas em diferentes posições da esfera celeste (Figura 1.10b) – esse é o efeito conhecido como *aberração*. Existe um conjunto de transformações que nos permite calcular a relação entre o que cada um desses observadores vê em sua esfera celeste. Cada uma dessas transformações leva de uma esfera a uma esfera. Mas de um tipo muito especial. Leva de círculos exatos a círculos exatos e preserva os ângulos. Assim, se uma Figura no céu lhe parece circular, deve parecer circular também para o outro observador.

Existe uma bela maneira de descrever como isso funciona e incluí essa ilustração para mostrar que existe uma elegância especial na matemática que muitas vezes subjaz à física no seu nível mais fundamental. A Figura 1.10c mostra uma esfera com um plano traçado em seu equador. Podemos traçar figuras na superfície da esfera e então examinar como elas são projetadas no plano equatorial a partir do polo sul, como na ilustração. Esse tipo de projeção é conhecido como estereográfica e tem algumas propriedades realmente extraordinárias. Os círculos na esfera são projetados em círculos perfeitos no plano, e os ângulos entre as curvas na esfera são projetados em ângulos exatamente iguais no plano. Como examinarei de modo mais completo no capítulo 2 (cf. Figura 2.4), essa projeção nos permite rotular os pontos da esfera

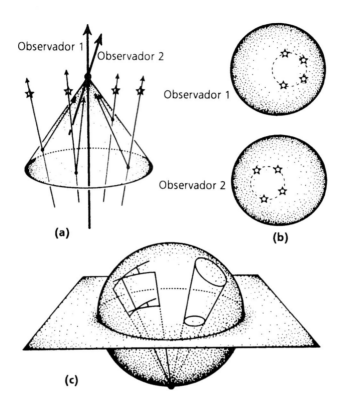

FIGURA 1.10 – Ilustração de como são feitas as observações do céu por parte dos observadores 1 e 2. (a) Os observadores 1 e 2 observam estrelas ao longo do cone de luz passado. Os pontos em que as estrelas cruzam o cone de luz são indicados por pontos pretos. Sinais de luz propagam-se das estrelas até os observadores ao longo do cone de luz, como na ilustração. O observador 2 move-se através do espaço-tempo a uma certa velocidade em relação ao observador 1. (b) Ilustração da situação das estrelas no céu como notadas pelo observador 1 e pelo observador 2, quando coincidem no mesmo ponto do espaço-tempo. (c) Uma boa maneira de representar a transformação do céu entre dois observadores é pela projeção estereográfica: círculos mapeiam círculos, e os ângulos são preservados.

através de números complexos (números que envolvem a raiz quadrada de −1), números esses que também são usados para rotular os pontos do plano equatorial, juntamente com a "infinidade", para dar à esfera a estrutura conhecida como "esfera de Riemann".

Para aqueles que estão interessados, a transformação da aberração é

$$u \to u' = \frac{\alpha u + \beta}{\gamma u + \delta}$$

e, como os matemáticos bem sabem, essa transformação remete círculos a círculos e preserva os ângulos. Transformações desse tipo são conhecidas como de Möbius. Para nossos propósitos aqui, precisamos apenas notar a elegância simples da forma da fórmula (da aberração) de Lorentz, quando escrita em termos de um parâmetro complexo como u.

Um ponto notável acerca dessa maneira de encarar essas transformações é que, segundo a relatividade restrita, a fórmula é muito simples, ao passo que, ao se expressar a transformação de aberração correspondente conforme a mecânica newtoniana, a fórmula seria muito mais complicada. Com frequência revela-se que, quando se desce aos fundamentos e se desenvolve uma teoria mais exata, a matemática se mostra mais simples, mesmo que o formalismo pareça inicialmente mais complicado. Esse ponto importante é exemplificado pelo contraste entre as relatividades galileana e einsteiniana.

Assim, na teoria da relatividade restrita, temos uma teoria que, de diversas maneiras, é mais simples do que a mecânica newtoniana. Do ponto de vista da matemática, e especialmente do ponto de vista da teoria de grupos, é uma estrutura muito mais precisa. Na relatividade restrita, o espaço-tempo é plano e todos os cones de luz estão alinhados regularmente, como se mostra na Figura 1.8. Se, agora, dermos mais um passo na direção da relatividade geral de Einstein, ou seja, a teoria do espaço-tempo na presença da gravidade, o quadro parece à primeira vista um tanto mais confuso – os

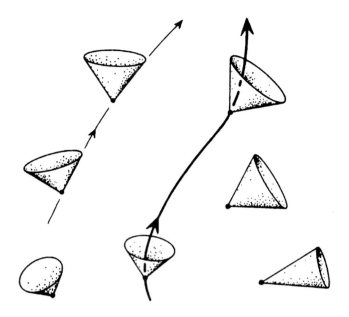

FIGURA 1.11 – Um quadro do espaço-tempo curvo.

cones de luz estão por toda parte (Figura 1.11). Pois bem, eu disse que, à medida que vamos desenvolvendo teorias cada vez mais profundas, a matemática se torna mais simples, mas vejam o que aconteceu aqui – eu tinha uma elegante peça de matemática que se tornou horrivelmente complicada. Pois bem, esse tipo de coisa acontece – vocês terão de ter paciência comigo por algum tempo, até que a simplicidade reapareça.

Vou relembrá-los dos ingredientes fundamentais da teoria da gravidade de Einstein. Um ingrediente básico é o chamado princípio de equivalência de Galileu. Na Figura 1.12a, mostro Galileu debruçado no alto da Torre de Pisa, deixando cair pedras pequenas e grandes. Pouco importa se ele realmente realizou essa experiência mas com certeza ele entendeu bem que, se forem ignorados os efeitos da resistência do ar, as duas pedras cairão no chão ao mesmo tempo. Se acontecesse de você estar sentado em uma

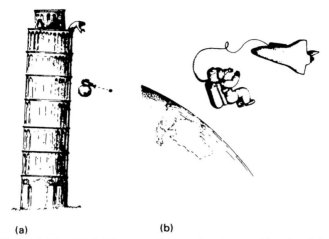

(a) (b)
FIGURA 1.12 – (a) Galileu joga duas pedras (e uma filmadora) da torre inclinada de Pisa. (b) O astronauta vê a espaçonave parada à sua frente, aparentemente não afetada pela gravidade.

dessas pedras, olhando para a outra enquanto ambas caem juntas, observaria a outra pedra parada à sua frente (mostrei uma filmadora presa a uma das pedras para representar a observação). Hoje em dia, com as viagens espaciais, esse é um fenômeno muito comum – recentemente, vimos um astronauta britânico caminhando no espaço e, exatamente como a pedra grande e a pedra pequena, a espaçonave ficou parada na frente dele – esse é exatamente o mesmo fenômeno que o princípio de equivalência de Galileu.

Assim, se considerarmos a gravidade da maneira certa, ou seja, num quadro de referência cadente, ela parece desaparecer diante de nossos olhos. Isso está de fato correto. Mas a teoria de Einstein *não* afirma que a gravidade desaparece – apenas afirma que a *força* da gravidade desaparece. Algo permanece, que é o efeito de maré da gravidade.

Introduzamos um pouco mais de matemática, mas não muita. Precisamos descrever a curvatura do espaço-tempo, que é descrita por um objeto conhecido como tensor, que chamei de **Riemann** na equação que se seguirá. Na realidade, ele é chamado tensor de curvatura de Riemann, mas não lhes direi o que ele é, apenas que é representado pela maiúscula **R** com alguns índices postos embaixo, indicados pelos pontos. O tensor de curvatura de Riemann é composto de duas peças. Uma delas é chamada de curvatura de Weyl, e a outra, de curvatura de Ricci. Temos assim esta equação (esquemática):

$$\text{Riemann} = \text{Weyl} + \text{Ricci}$$
$$R.... = C.... + R.. \, g..$$

Formalmente, **C**.... e **R**.. são os tensores de curvatura de Weyl e de Ricci, respectivamente, e g.. é o tensor métrico.

A curvatura de Weyl efetivamente mede o efeito de maré. Que é o efeito de "maré"? Lembremo-nos de que, do ponto de vista do astronauta, parece que a gravidade foi abolida, mas isso não é verdade. Imaginemos que o astronauta esteja cercado por uma esfera de partículas, que estão inicialmente em repouso em relação ao astronauta. Pois bem, de início, elas vão simplesmente ficar paradas ali, mas logo vão começar a se acelerar, por causa das ligeiras diferenças na atração gravitacional da Terra em diferentes pontos da esfera. (Note-se que estou descrevendo o efeito numa linguagem newtoniana, mas isso é totalmente apropriado.) Essas ligeiras diferenças fazem que a esfera de partículas original se distorça num arranjo elíptico, como ilustra a Figura 1.13a.

Essa distorção acontece, em parte, por causa da atração levemente maior que a Terra exerce sobre as partículas mais próximas a ela e da atração menor exercida sobre as mais distantes, e em parte porque, nos lados da esfera, a atração da Terra age ligeiramente para dentro. Isso faz que a esfera se distorça e se transforme num elipsoide. Chama-se a isso efeito de maré, pela excelente razão de que, se substituirmos a Terra pela Lua e a esfera de partículas pela Terra com seus oceanos, a Lua produz o mesmo efeito gravitacional sobre a superfície dos oceanos que a Terra produz na

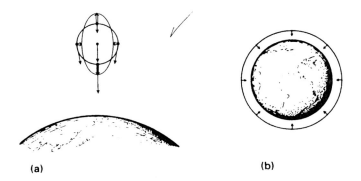

FIGURA 1.13 – (a) O efeito de maré. As setas duplas mostram a aceleração relativa. (b) Quando a esfera cerca a matéria (aqui, a Terra), há uma aceleração líquida para dentro.

esfera de partículas – a superfície marítima mais próxima da Lua é puxada na direção dela, ao passo que aquela que está do outro lado da Terra é, de fato, empurrada na direção contrária. O efeito faz que a superfície do mar se inche em cada lado da Terra e essa é causa das duas marés altas que acontecem a cada dia.

Os efeitos da gravidade, do ponto de vista de Einstein, são simplesmente esse efeito de maré. Ele é definido essencialmente pela curvatura de Weyl, ou seja, a parte **C**.... da curvatura de Riemann. Essa parte do tensor de curvatura preserva o volume – ou seja, se calcularmos as acelerações iniciais das partículas da esfera, o volume da esfera e o volume do elipsoide no qual ela se distorce são inicialmente os mesmos.

A parte que falta da curvatura é conhecida como a curvatura de *Ricci* e tem um efeito de redução do volume. Na Figura 1.13b, pode-se ver que, se em vez de estar na parte de baixo do diagrama a Terra estivesse dentro da esfera de partículas, o volume da esfera de partículas se reduziria à medida que estas se acelerassem para dentro. A quantidade dessa redução de volume é uma medida da curvatura de Ricci. A teoria de Einstein diz-nos que a curvatura de Ricci é determinada pela quantidade de matéria presente dentro de uma pequena esfera em volta desse ponto do espaço. Em outras palavras, a densidade de matéria, adequadamente definida, nos diz como as partículas se aceleram para dentro nesse ponto do espaço. A teoria de Einstein é quase a mesma que a de Newton quando expressa dessa maneira.

Foi assim que Einstein formulou sua teoria da gravidade – ela se expressa em termos de efeitos de maré, que são medidas da curvatura espaçotemporal local. Isso foi mostrado esquematicamente na Figura 1.11 – estamos nos referindo às linhas que representam as linhas de universo de partículas e as maneiras como essas trajetórias são distorcidas como uma medida da curvatura do espaço-tempo. Assim, a teoria de Einstein é essencialmente uma teoria geométrica do espaço-tempo quadridimensional – matematicamente, é uma teoria de beleza extraordinária.

A história da descoberta feita por Einstein da teoria da relatividade geral contém uma moral importante. Ela foi plenamente formulada em 1915. Não foi motivada por nenhuma necessidade observacional, mas sim por vários *desiderata* estéticos, geométricos e físicos. Os ingredientes básicos eram o princípio de equivalência de Galileu, exemplificado pelo lançamento de pedras de diferentes massas (Figura 1.12), e as ideias da geometria não euclidiana, que é a linguagem natural para a descrição da curvatura do espaço-tempo. Não havia muita coisa sob o aspecto observacional, em 1915. Uma vez formulada a relatividade geral em sua forma final, percebeu-se que havia três testes observacionais básicos para a teoria. O periélio da órbita de Mercúrio avança ou gira de uma maneira que não se pode explicar pela influência gravitacional newtoniana de outros planetas – a relatividade geral prediz exatamente o avanço observado. As trajetórias dos raios de luz são encurvadas pelo Sol e essa é a razão da famosa expedição do eclipse de 1919, dirigida por Arthur Eddington, que chegou a um resultado consistente com a predição de Einstein (Figura 1.14a). O terceiro teste era a predição de que os relógios se movem mais devagar num potencial gravitacional – ou seja, um relógio próximo ao chão se move mais devagar do que um relógio no alto de uma torre. Esse efeito também foi medido experimentalmente. Nenhum desses testes,

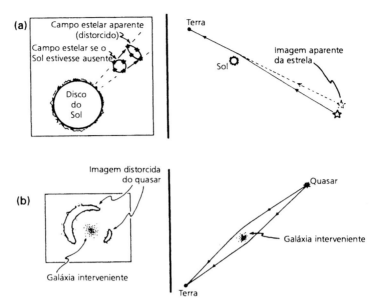

FIGURA 1.14 – (a) Efeitos observacionais diretos da gravidade sobre a luz segundo a relatividade geral. A curvatura espaçotemporal de *Weyl* manifesta-se como uma distorção do campo estelar distante, aqui em razão do efeito de encurvamento da luz do campo gravitacional do Sol. Uma Figura circular de estrelas seria distorcida para formar uma Figura elíptica. (b) O efeito de encurvamento da luz é hoje uma ferramenta importante na astronomia observacional. A massa da galáxia interveniente pode ser estimada pelo quanto ela distorce a imagem de um quasar distante.

no entanto, causava impressão – os efeitos eram sempre muito pequenos e variadas teorias poderiam dar os mesmos resultados.

A situação agora mudou radicalmente – em 1933, Hulse e Taylor ganharam o prêmio Nobel por uma extraordinária série de observações. A Figura 1.15a mostra o pulsar binário conhecido como PSR 1913+16 – que consiste num par de estrelas de nêutron, sendo cada uma delas uma estrela imensamente densa, com uma massa aproximadamente igual à do Sol, mas com apenas alguns quilômetros de diâmetro. As estrelas de nêutrons giram ao redor de seu centro de gravidade comum, em órbitas muito elípticas. Uma de-

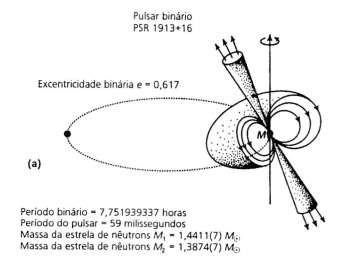

Pulsar binário
PSR 1913+16

Excentricidade binária e = 0,617

(a)

Período binário = 7,751939337 horas
Período do pulsar = 59 milissegundos
Massa da estrela de nêutrons M_1 = 1,4411(7) $M_\odot$
Massa da estrela de nêutrons M_2 = 1,3874(7) $M_\odot$

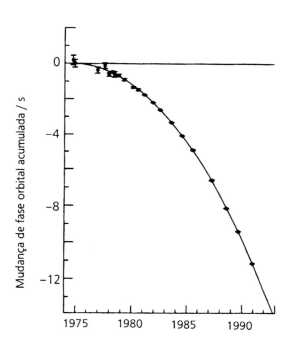

las tem um campo magnético muito forte, e as partículas giram ao seu redor e emitem uma intensa radiação que viaja até a Terra, a cerca de 30 mil anos-luz de distância, onde são observadas como uma série de pulsações bem definidas. Foi feito todo tipo de observações muito precisas do tempo de chegada dessas pulsações. Em particular, todas as propriedades das órbitas das duas estrelas de nêutrons podem ser calculadas, bem como todas as minúsculas correções devidas à relatividade geral.

Existe, ademais, um aspecto que é completamente exclusivo da relatividade geral e está totalmente ausente da teoria newtoniana da gravidade. É que os objetos em órbita ao redor uns dos outros irradiam energia sob a forma de ondas gravitacionais. Estas são como ondas de luz, mas são ondulações no espaço-tempo, em vez de ondulações no campo eletromagnético. Essas ondas tiram energia do sistema numa quantidade que pode ser calculada com precisão, de acordo com a teoria de Einstein, e a quantidade de perda de energia do sistema binário de estrelas de nêutrons concorda muito precisamente com as observações, como ilustra a Figura 1.15b, que mostram o aumento de velocidade do período orbital das estrelas de nêutrons, medido ao longo de vinte anos de observação. Esses sinais podem ter seu tempo medido com tanta exatidão que, ao longo de vinte anos, a precisão com que se sabe

FIGURA 1.15 – (a) Uma representação esquemática do pulsar binário PSR 1913+16. Uma das estrelas de nêutrons é um rádio-pulsar. A emissão de rádio é emitida ao longo dos polos do dipolo magnético que está desalinhado em relação ao eixo de rotação da estrela de nêutron. Observam-se pulsações nitidamente definidas quando o estreito feixe de radiação passa através da linha de visão do observador. As propriedades das duas estrelas de nêutrons foram derivadas de medições muito precisas dos tempos de chegada das pulsações que se valeram de (e verificaram) efeitos presentes apenas na relatividade geral de Einstein. (b) A mudança de fase dos tempos de chegada das pulsações do pulsar binário PSR 1913+16, comparada com a modificação esperada em razão da emissão de radiação gravitacional por parte do sistema binário de estrelas de nêutrons (linha sólida).

ser correta a teoria é de cerca de uma parte em 10^{14}. Isso faz que a relatividade geral seja a teoria testada com maior exatidão que a ciência conheça.

Essa história tem uma moral – as motivações de Einstein para dedicar oito ou mais anos de sua vida à derivação da teoria geral não foram observacionais ou experimentais. Às vezes as pessoas argumentam que, "bem, os físicos buscam padrões em seus resultados experimentais e então encontram uma boa teoria que concorda com eles. Talvez isso explique por que a matemática e a física se deem tão bem". Mas, nesse caso, as coisas não aconteceram assim, de modo algum. A teoria foi originalmente desenvolvida sem nenhuma motivação observacional – a teoria matemática é muito elegante e fisicamente muito bem motivada. O ponto é que a estrutura matemática está mesmo na Natureza, a teoria está lá no espaço – ela não foi imposta à Natureza por ninguém. Esse é um dos pontos essenciais deste capítulo. Einstein revelou algo que existia. Mais que isso, ele não descobriu um mero pedaço de física de menor importância – mas a coisa mais fundamental que temos na Natureza, a natureza do espaço e do tempo.

Temos aqui um caso muito claro – ele leva de volta ao meu diagrama original acerca da relação entre o mundo da matemática e o mundo físico (Figura 1.3). Na relatividade geral, encontramos um tipo de estrutura que realmente subjaz ao comportamento do mundo físico de maneira extraordinariamente precisa. Muitas vezes, esses aspectos fundamentais de nosso mundo são descobertos não pela consideração da maneira como a Natureza se comporta, embora isso seja obviamente muito importante. Temos de estar preparados para rejeitar teorias que possam apelar para todo tipo de outras razões, porém não concordem com os fatos. Mas temos aqui uma teoria que concorda com os fatos de um modo extraordinariamente preciso. A exatidão envolvida é cerca de duas vezes maior do que a da teoria newtoniana; em outras palavras, sabe-se que a relatividade geral está correta em uma parte em 10^{14}, enquanto a teoria newtoniana só é exata para uma parte em 10^7. O aperfeiçoamento é semelhante ao aumento da exatidão com que sabemos estar correta a teoria de Newton entre o século XVII e hoje. Newton sabia que a sua teoria estava correta em cerca de uma parte em mil, ao passo que hoje sabemos que sua exatidão era de uma parte em 10^7.

A relatividade geral de Einstein é apenas uma teoria, sem dúvida. Que dizer da estrutura do mundo real? Eu disse que esse capítulo não seria botânico mas, se eu falar do Universo como um todo, isso não é ser botânico, uma vez que vou examinar apenas o único Universo como um todo que nos é dado. Existem três tipos de modelo-padrão que decorrem da teoria de Einstein, e eles são definidos por um único parâmetro, que é, com efeito, aquele denotado por k na Figura 1.16. Existe um outro parâmetro que às vezes aparece nos argumentos cosmológicos; ele é conhecido como a constante cosmológica. Einstein considerava o fato de ter introduzido a constante cosmológica em suas equações da relatividade geral como o seu maior erro, e portanto também vou omiti-la. Se formos obrigados a trazê-la de volta, então teremos de conviver com ela.

Assumindo que a constante cosmológica seja zero, os três tipos de universo que são descritos pela constante k são ilustrados na Figura 1.16. Nos diagramas, k assume os valores 1, 0 e −1, porque todas as outras propriedades dos modelos foram escalonadas. Um jeito melhor teria sido falar sobre a idade ou a escala do Universo, e então teríamos um parâmetro contínuo, mas, qualitativamente, os três diferentes modelos podem ser pensados como definidos pela curvatura das seções espaciais do Universo. Se as seções espaciais do Universo forem planas, têm uma curvatura zero e $k = 0$ (Figura 1.16a). Se as seções espaciais forem positivamente curvas, o que significa que o Universo se fecha em si mesmo, então $k = +1$ (Figura 1.16b). Em todos esses modelos, o Universo tem um estado inicial singular, o *big bang*, que assinala o início do Universo. Mas, no caso de $k = +1$, ele se expande até um tamanho máximo e então torna a colapsar num *big crunch*. Como alternativa, existe o caso de $k = -1$, em que o Universo se expande sempre (Figura 1.16c). O caso de $k = 0$ é uma fronteira

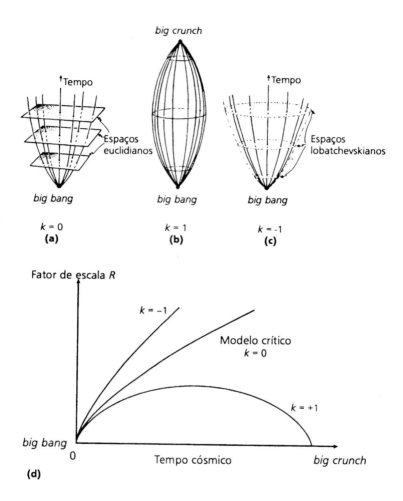

FIGURA 1.16 – (a) Imagem espaçotemporal de um universo em expansão com seções espaciais euclidianas (com duas dimensões espaciais representadas): $k = 0$. (b) Como em (a), mas para um universo em expansão (e subsequentemente em contração) com seções espaciais esféricas: $k = +1$. (c) Como em (a), mas para um universo em expansão com seções espaciais lobatchevskianas: $k = -1$. (d) A dinâmica de três tipos diferentes do modelo de Friedman.

limite entre os casos $k = 1$ e $k = -1$, Mostrei as relações raio-tempo para esses três tipos de universo na Figura 1.16d. O raio pode ser concebido como uma escala típica no Universo e pode-se ver que apenas o caso $k = +1$ entra em colapso num *big crunch*, enquanto os outros dois se expandem indefinidamente.

Quero examinar o caso de $k = -1$ com um pouco mais de minúcia – dos três, ele talvez seja o mais difícil de tratar. Existem duas razões para me interessar especialmente por esse caso. Uma delas é que, se tomarmos as observações tais como existem hoje por seu valor nominal, ele é o modelo preferido. Segundo a relatividade geral, a curvatura do espaço é determinada pela quantidade de matéria presente no Universo, e não parece haver matéria suficiente para fechar a geometria do Universo. Ora, pode ser que haja muita matéria escura ou oculta, sobre a qual ainda nada sabemos. Nesse caso, o Universo poderia ser um dos outros modelos, mas, se não houver muita matéria a mais, muito mais do que acreditamos que deva estar presente no interior das imagens ópticas das galáxias, então o Universo teria $k = -1$. A outra razão é que ele é o meu preferido! As propriedades das geometrias de $k = -1$ são particularmente elegantes.

Qual a aparência dos universos $k = -1$? Suas seções espaciais têm a chamada geometria hiperbólica ou de Lobatchevski. Para ter uma visão de uma geometria de Lobatchevski, o melhor é olhar uma das gravuras de Escher. Ele fez certo número de gravuras que chamou de *Circle Limits*, e *Circle Limit 4* aparece na Figura 1.17. Esta é a descrição do Universo de Escher – como se vê, ele está cheio de anjos e demônios! Um ponto a ser notado é que parece que a imagem vai se tornando muito povoada na direção do limite do círculo. Isso acontece porque essa representação do espaço hiperbólico é desenhada numa folha de papel comum, plana, ou seja, no espaço euclidiano. Imagine que todos os demônios devem ter na realidade exatamente o mesmo tamanho e a mesma forma, de modo que, se calhasse de você viver nesse Universo perto da borda do diagrama, você acharia que eles eram exatamente iguais aos do meio do diagrama. Essa ilustração dá uma ideia do que

FIGURA 1.17 – *Circle Limit 4* de M. C. Escher (uma representação de um espaço de Lobatchevski).

acontece na geometria de Lobatchevski – caminhando do centro para a borda, você deve imaginar que, por causa da maneira como a imagem da geometria teve de ser distorcida, a geometria real ali é exatamente a mesma que no centro, de modo que a geometria ao redor de você permanece a mesma, não importa para onde você vá.

Esse talvez seja o mais surpreendente exemplo de uma geometria bem definida. Mas a geometria euclidiana é, à sua maneira, igualmente notável. Ela fornece uma esplêndida ilustração da relação entre a matemática e a física. Essa geometria é uma parte da matemática, mas os gregos também a concebiam como uma descrição da maneira como o mundo é. De fato, ela se revela uma descrição extraordinariamente exata de como o mundo realmente é – não inteiramente exata, pois a teoria de Einstein nos diz que o espaço-tempo é ligeiramente curvo de várias maneiras, mas mesmo assim é uma descrição extraordinariamente exata do mundo. As pessoas costumavam perguntar-se se outras geometrias eram ou não possíveis. Em especial, intrigava-as o chamado *quinto postulado de Euclides*. Ele pode ser reformulado como a afirmação de que, se há uma linha reta num plano e há um ponto fora dessa linha, então existe uma única paralela a essa linha que passa por esse ponto. Costumava-se pensar que talvez isso pudesse ser provado com base nos outros axiomas da geometria euclidiana, mais óbvios. Descobriu-se que isso não era possível, e daí surgiu a noção de geometrias não euclidianas.

Nas geometrias não euclidianas, a soma dos ângulos de um triângulo não faz 180°. Esse é outro exemplo em que se pode pensar que as coisas se tornam mais complicadas, porque na geometria euclidiana os ângulos de um triângulo somam 180°. (Figura 1.18a). Mas então, na geometria não euclidiana, se você tiver que a soma dos ângulos de um triângulo é diferente de 180°, terá que a diferença é proporcional à área do triângulo. Na geometria euclidiana, a área de um triângulo é uma coisa complicada de escrever em termos de ângulos e comprimentos. Na geometria não euclidiana, lobatchevskiana, existe essa fórmula maravilhosamente simples, da autoria de Lambert, que permite descobrir a área do triângulo (Figura 1.18b). Na verdade, Lambert derivou a sua fórmula antes de a geometria não euclidiana ser descoberta, e nunca entendi isso muito bem!

Existe um outro ponto muito importante aqui, que diz respeito aos números reais. Eles são absolutamente fundamentais para a geometria euclidiana Foram introduzidos essencialmente por Eudoxo, no século IV a.C., e ainda os usamos. São os números que descrevem toda a nossa física. Como veremos mais adiante, também são necessários números complexos, mas eles se baseiam em números reais.

Consideremos outra gravura de Escher para ver como funciona a geometria de Lobatchevski. A Figura 1.19 é ainda melhor que a Figura 1.17 para entender essa geometria, pois as "linhas retas" são mais óbvias. Elas são representadas por arcos de círculos que se cruzam em ângulos retos. Assim, se você fosse uma pessoa lobatchevskiana e vivesse nessa geometria, conceberia uma linha reta como um desses arcos. Pode-se ver isso claramente na Figura 1.19 – algumas delas são linhas retas euclidianas perto do centro do diagrama, mas todas as outras são arcos curvos. Algumas dessas "linhas retas" são mostradas na Figura 1.20. Nesse diagrama, assinalei um ponto que não está na linha reta (diâmetro) que atravessa o diagrama. As pessoas lobatchevskianas podem traçar duas (ou mais) linhas separadas paralelas ao diâmetro que passem por esse ponto, como indiquei. Assim, o postulado da paralela é violado nessa geometria. Além disso, podem-se desenhar triângulos e calcular a soma dos seus ângulos para calcular a área desses triân-

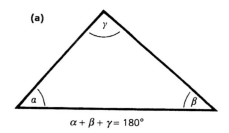

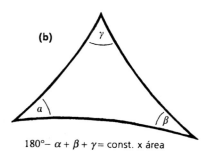

FIGURA 1.18 – (a) Um triângulo no espaço euclidiano. (b) Um triângulo num espaço lobatchevskiano.

FIGURA 1.19 – *Circle Limit 1* de M. C. Escher.

gulos. Isso pode dar-lhes uma ideia da natureza da geometria hiperbólica.

Eis aqui outro exemplo. Disse que prefiro a geometria lobatchevskiana, hiperbólica. Uma das razões para tanto é que seu grupo de simetrias é exatamente o mesmo que aquele já encontrado por nós, a saber, o grupo de Lorentz – o grupo da relatividade restrita ou grupo de simetria dos cones de luz da relatividade. Para visualizar isso, desenhei um cone de luz na Figura 1.21, mas com algumas partes a mais. Tive de suprimir uma das dimensões espaciais para desenhar num espaço tridimensional. O cone de luz é descrito pela equação usual mostrada no diagrama

$$t^2 - x^2 - y^2 = 0.$$

As superfícies em forma de tigela mostradas nas partes de cima e de baixo estão situadas a uma "unidade de distância" da origem nessa geometria minkowskiana. ("Distância" na geometria minkowskiana é na realidade *tempo* – o mesmo tempo que é fisicamente medido pelo movimento dos relógios.) Assim, essas superfícies representam a superfície de uma "esfera" para a geometria minkowskiana. Resulta daí que a geometria intrínseca da "esfera" é realmente a geometria lobatchevskiana (hiperbólica). Se considerarmos uma esfera ordinária no espaço euclidiano, podemos girá-la, e o grupo de simetrias é o da esfera que gira. Na geometria da Figura 1.21, o grupo de simetrias é aquele associado à superfície mostrada no diagrama – em outras palavras, ao grupo de Lorentz de rotações. Esse grupo de simetria descreve como o espaço e o tempo se transformam quando um ponto particular do espaço-tempo é fixado – girando o espaço-tempo de diferentes maneiras. Vemos agora, com essa representação, que o grupo de simetrias do espaço lobatchevskiano é em essência exatamente o mesmo que o grupo de Lorentz.

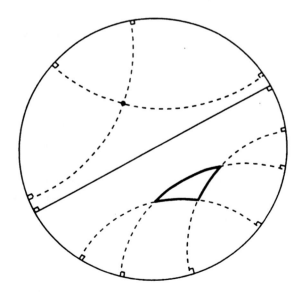

FIGURA 1.20 – Aspectos da geometria do espaço lobatchevskiano (hiperbólico), como ilustrada por *Circle Limit 1*.

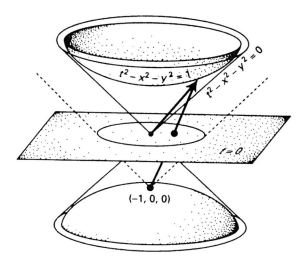

FIGURA 1.21 – Espaço lobatchevskiano imerso como um ramo hiperboloide no espaço-tempo de Minkowski. A projeção estereográfica leva-o ao disco de Poincaré, cujo limite é o círculo traçado no plano $t = 0$.

A Figura 1.21 ilustra uma versão minkowskiana da projeção estereográfica mostrada na Figura 1.10c. O equivalente do polo sul é agora o ponto em (–1, 0, 0) e projetamos pontos da superfície em forma de tigela de cima na superfície plana em $t = 0$, que é o análogo do plano equatorial na Figura 1.10c. Nesse procedimento, projetamos todos os pontos da superfície de cima no plano em $t = 0$. Todos os pontos projetados estão dentro de um disco no plano em $t = 0$, e o disco é às vezes chamado de disco de Poincaré. É exatamente assim que os diagramas de *Circle Limit* de Escher se produzem – a superfície hiperbólica (lobatchevskiana) inteira foi mapeada no disco de Poincaré. Além disso, esse mapeamento faz tudo o que a projeção da Figura 1.10c faz – preserva ângulos e círculos, e tudo isso é revelado geometricamente, de maneira muito fina. Bem, talvez eu esteja sendo levado aqui por meu entusiasmo – receio que seja isso que os matemáticos fazem quando se apaixonam por algo!

O ponto interessante é que, quando você se entusiasma por algo como a geometria do problema acima, a análise e os resultados têm uma elegância que os sustenta, ao passo que as análises que não possuem essa elegância matemática desaparecem. Existe algo particularmente elegante na geometria hiperbólica. Seria esplêndido, pelo menos para as pessoas como eu, que o Universo também fosse feito desse jeito. Devo dizer que tenho várias outras razões para crer nisso. Muitas outras pessoas não gostam desses universos abertos, hiperbólicos – muitas vezes preferem universos fechados, como os ilustrados na Figura 1.16b, que é agradável e confortável. Bem, na realidade, os universos fechados ainda são bem grandes. De outro modo, muita gente gosta de modelos de universo plano (Figura 1.16a), porque existe um certo tipo de teoria do Universo inicial, a *teoria inflacionária*, que sugere que a geometria do Universo deva ser plana. Devo dizer que realmente não acredito nessas teorias.

Os três tipos-padrão de modelos do Universo são conhecidos como os *modelos de Friedman* e são caracterizados pelo fato de serem muito, muito simétricos. São inicialmente modelos em expansão, mas a cada momento o Universo é perfeitamente uniforme em toda parte. Essa suposição está embutida na estrutura dos modelos de Friedman e é conhecida como o *princípio cosmológico*. Onde quer que você esteja, o universo de Friedman tem a mesma aparência em todas as direções. O fato é que o nosso Universo real é assim em grau notável. Se as equações de Einstein estiverem corretas, e mostrei que a teoria concorda extraordinariamente com a observação, somos induzidos a levar a sério os modelos de Friedman. Todos esses modelos têm essa característica embaraçosa, conhecida como o *big bang*, onde tudo sai errado, bem no começo. O Universo é infinitamente denso, infinitamente quente etc. – algo saiu muito errado com a teoria. No entanto, se você aceitar que essa fase muito quente e muito densa aconteceu, pode fazer predições sobre como o conteúdo térmico do Universo deveria ser hoje, e uma dessas expectativas é que atualmente deveria haver um fundo uniforme de radiação de corpo negro em toda parte ao nosso redor. Exatamente esse tipo de radiação foi descoberto por Penzias e Wilson em 1965. As observações mais recen-

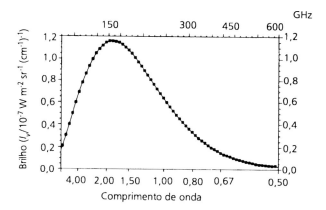

FIGURA 1.22 – A concordância precisa entre as medições feitas pelo COBE do espectro da radiação de fundo de micro-ondas cósmicas e a esperada natureza "térmica" da radiação do *big bang* (linha inteiriça).

tes do espectro dessa radiação, conhecida como radiação de fundo de micro-ondas cósmicas, feitas pelo satélite COBE, mostram que ela tem um espectro de corpo negro de uma precisão totalmente extraordinária (Figura 1.22).

Todos os cosmólogos interpretam a existência dessa radiação como uma evidência de que o nosso Universo passou por uma fase quente e densa. Assim, essa radiação diz-nos algo acerca da natureza do Universo inicial – não tudo, mas que algo como o *big bang* aconteceu. Em outras palavras, o Universo deve ter sido muito semelhante aos modelos ilustrados na Figura 1.16.

Existe uma outra descoberta muito importante feita pelo satélite COBE. É que, embora a radiação de fundo de micro-ondas cósmicas seja notavelmente uniforme e todas as suas propriedades possam ser muito bem explicadas matematicamente, o Universo não é uniforme de modo totalmente perfeito. Existem minúsculas mas reais irregularidades na distribuição da radiação pelo céu. Na realidade, esperamos que essas minúsculas irregularidades devam estar presentes no Universo inicial – estamos aqui para observar o Universo e, sem dúvida, não somos apenas um borrão

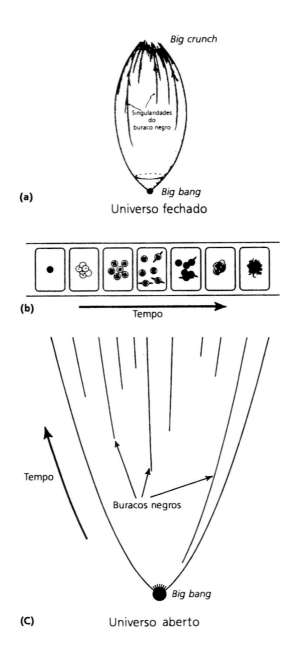

uniforme. O Universo provavelmente se assemelha mais às imagens da Figura 1.23. Para mostrar que tenho a mente aberta, tomo como exemplos tanto um Universo aberto quanto um fechado.

No Universo fechado, as irregularidades desenvolver-se-ão para formar estruturas reais observáveis – estrelas, galáxias etc. – e depois de um tempo se formarão buracos negros, pelo colapso de estrelas, pelo acúmulo de massa nos centros das galáxias etc. Todos esses buracos negros têm centros singulares, muito parecidos com um *big bang* ao contrário. No entanto, não é tão simples assim. De acordo com a imagem que fizemos, o *big bang* inicial é um estado atraente, simétrico e uniforme, mas o ponto final do modelo fechado é uma horrível desordem – com todos os buracos negros finalmente aparecendo juntos e produzindo uma incrível confusão no *big crunch* final (Figura 1.23a). A evolução desse modelo fechado é ilustrada esquematicamente pela fita de filme mostrada na Figura 1.23b. No caso de um modelo de universo aberto, também se formam buracos negros – ainda há uma singularidade inicial, e se formam singularidades no centro dos buracos negros (Figura 1.23c).

Ressalto essas características dos modelos-padrão de Friedman para mostrar que existe uma grande diferença entre o que parece que vemos no estado inicial e o que esperamos encontrar no futuro remoto. Esse problema está ligado à lei fundamental da física, conhecida como a segunda lei da termodinâmica.

Podemos entender essa lei em tempos simples do dia a dia. Imaginemos um copo de vinho posto no canto de uma mesa. Pode cair da mesa e espatifar-se, espalhando o vinho pelo tapete (Fi-

FIGURA 1.23 – (a) A evolução de um modelo de mundo fechado com a formação de buracos negros, quando objetos de vários tipos chegam ao ponto final de suas evoluções. Pode-se ver que se espera haver uma horrível desordem no *big crunch*. Essa sequência de eventos para (a) é também mostrada como uma "fita de filme" em (b). (c) A evolução de um modelo aberto que mostra a formação de buracos negros em tempos diferentes.

gura 1.24). Nada há na física newtoniana que nos diga que o processo inverso não possa acontecer. No entanto, ele nunca se observa – nunca vemos copos de vinho recompondo-se e o vinho sendo sugado do tapete para dentro do copo recomposto. No que tange as minuciosas leis da física, uma direção de tempo é tão boa quanto a outra. Para entender essa diferença, precisamos da segunda lei da termodinâmica, que nos diz que a entropia do sistema aumenta com o tempo. Essa quantidade chamada entropia é mais baixa quando o copo está na mesa do que quando está estilhaçado no chão. De acordo com a segunda lei da termodinâmica, a entropia do sistema aumentou. *Grosso modo*, a entropia é uma medida da desordem de um sistema. Para expressar esse conceito de modo mais preciso, temos de introduzir o conceito de *espaço de fase*.

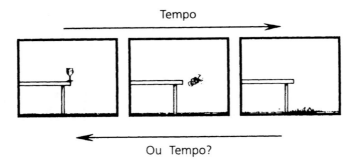

FIGURA 1.24 – As leis da mecânica são reversíveis no tempo; no entanto, a ordenação temporal de uma cena como esta, da direita para a esquerda, é algo jamais experimentado, ao passo que a da esquerda para a direita seria um lugar-comum.

Um espaço de fase é um espaço de um número enorme de dimensões, e cada ponto desse espaço multidimensional descreve as posições e os momentos de todas as partículas que compõem o sistema em questão. Na Figura 1.25, escolhemos um ponto particular nesse imenso espaço de fase que representa o lugar onde todas as partículas estão situadas e como se movem. À medida que o sistema de partículas vai evoluindo, o ponto se move para algum

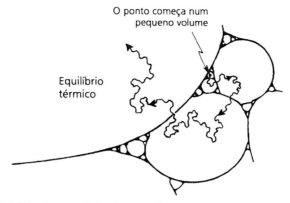

FIGURA 1.25 – A segunda lei da termodinâmica em ação: enquanto o tempo avança, o ponto do espaço de fase adentra compartimentos de volume cada vez maior. Por conseguinte, a entropia aumenta continuamente.

outro lugar no espaço de fase, e o mostrei indo de um ponto do espaço de fase para outro.

Essa linha retorcida representa a evolução ordinária do sistema de partículas. Ainda não há entropia ali. Para termos entropia, temos de desenhar pequenas bolhas ao redor das regiões, amontoando diferentes estados de que não podemos falar separadamente. Isso pode parecer um pouco o obscuro – o que você quer dizer com "não poder falar separadamente"? Certamente, isso depende de quem está olhando e de quão atentamente ele olha? Pois bem, dizer exatamente o que se quer dizer com entropia é uma das questões mais delicadas da física teórica. Essencialmente, o que se quer dizer é que devemos agrupar os estados de acordo com o que é conhecido como "textura grossa", ou seja, de acordo com aquelas coisas de que não podemos falar separadamente. Tomamos todas aquelas que, digamos, estão nessa região de fase aqui, juntamos todas elas, olhamos o volume dessa região do espaço de fase, tomamos o logaritmo do volume e o multiplicamos pela constante conhecida como constante de Boltzmann, e isso é a entropia. O que a segunda lei da termodinâmica nos diz é que a entropia aumenta. O que ela está nos dizendo é algo um tanto tolo – diz-nos que, se o sistema tem início numa minúscula caixinha e lhe é permitido evoluir, ele passa para caixas cada vez maiores. É muito provável que isso aconteça porque, se considerarmos o problema atentamente, as caixas maiores são em absoluto muitíssimo maiores do que as caixinhas vizinhas. Assim, se nos encontrarmos numa das caixas grandes, não há virtualmente nenhuma chance de voltarmos para uma caixa menor. E isso é tudo a esse respeito. O sistema apenas vagueia pelo espaço de fase, entrando em caixas cada vez maiores. É isso que a segunda lei está nos dizendo. Será?

Na verdade, essa é apenas metade da explicação. Esta nos diz que, se conhecermos o estado do sistema agora, podemos dizer o mais provável estado no futuro. No entanto, ela nos dá uma resposta completamente errada se tentarmos usar o mesmo argumento no sentido inverso. Suponhamos que o copo esteja colocado na beira da mesa. Podemos perguntar: "Qual é a mais provável maneira pela qual ele chegou ali?". Se usarmos no sentido inverso o argumento que acabamos de citar, concluiremos que o mais provável é que tudo começou com uma grande confusão no tapete e depois ele se ergueu sozinho do tapete e se recompôs na mesa. Esta, é claro, não é a explicação correta – a explicação correta é que alguém o pôs ali. E essa pessoa o pôs ali por alguma razão, que por sua vez se deve a alguma outra razão, e assim por diante. A cadeia de raciocínio regride para estados de entropia cada vez mais baixa no passado. A curva física correta é aquela "real", que aparece na Figura 1.26 (não a "retrodita") – a entropia vai caindo, caindo cada vez mais no passado.

Por que a entropia aumenta no futuro é explicado pelo fato de passar para caixas cada vez maiores – por que decresce no passado é algo completamente diferente. Deve haver algo que a reduza no passado. O que a reduz no passado? A medida que avançamos no passado, a entropia vai ficando cada vez menor, até que finalmente chegamos ao *big bang*.

Deve ter havido algo muito, muito especial em relação ao *big bang*, mas o que exatamente é uma questão controvertida. Uma

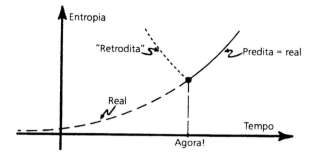

FIGURA 1.26 – Se usarmos o argumento ilustrado na Figura 1.25 na direção temporal inversa, "retrodizemos" que a entropia deveria crescer também no *passado*, em relação ao seu valor de agora. Isso está em flagrante contradição com a observação.

teoria popular, em que disse não acreditar mas pela qual muita gente se entusiasma, é a ideia do universo inflacionário. A ideia é que o Universo é tão uniforme em grande escala por causa de algo que supostamente aconteceu nas fases bem iniciais da expansão do Universo. Supostamente, uma expansão absolutamente enorme aconteceu quando o Universo tinha apenas cerca de 10^{-36} de segundo, e a ideia é que, não importa qual a aparência do Universo nesses estádios muito iniciais, se o expandirmos por um enorme fator de cerca de 10^{60}, ele vai parecer plano. Na realidade, essa é a razão pela qual essas pessoas gostam do Universo plano.

Todavia, tal como está, o argumento não faz o que deveria fazer – o que esperaríamos nesse estado inicial, se fosse escolhido ao acaso, seria uma horrenda confusão e, se expandirmos essa confusão por um fator imenso, ela continuará sendo uma completa confusão. Na realidade, ela parece ficar cada vez pior à medida que se expande (Figura 1.27).

Assim, o argumento por si só não explica por que o Universo é tão uniforme. Precisamos de uma teoria que nos diga como o *big bang* realmente era. Não sabemos o que essa teoria realmente é, mas sabemos que ela tem de incluir uma combinação de física de grande e de pequena escalas. Tem de incluir a física quântica, bem

FIGURA 1.27 – Ilustração do problema da inflação de irregularidades "genéricas" no Universo inicial.

como a física clássica. Além disso, eu diria que a teoria também deve ter como uma de suas implicações que o *big bang* tenha sido tão uniforme como o observamos ser. Talvez tal teoria acabe produzindo um universo hiperbólico, lobatchevskiano, como a imagem que prefiro, mas não vou insistir nisso.

Voltemos às imagens dos universos fechado e aberto (Figura 1.28). Incluí ademais uma imagem da formação de um buraco negro, que os especialistas conhecem bem. A matéria, ao colapsar dentro de um buraco negro, produz uma singularidade e é isso que as linhas escuras nos diagramas espaçotemporais do Universo representam. Quero introduzir uma hipótese a que chamo *hipótese da curvatura de Weyl*. Não é uma implicação de nenhuma teoria conhecida. Como disse, não sabemos o que seja a teoria, porque não sabemos como combinar a física do muito grande com a do muito pequeno. Quando descobrirmos essa teoria, ela deverá ter como uma de suas consequências o aspecto que chamei de hipótese da curvatura de Weyl. Não nos esqueçamos de que a curvatura de Weyl é a parte do tensor de Riemann que causa distorções e efeitos de maré. Por alguma razão que ainda não entendemos, nas proximidades do *big bang*, a combinação adequada de teorias deve

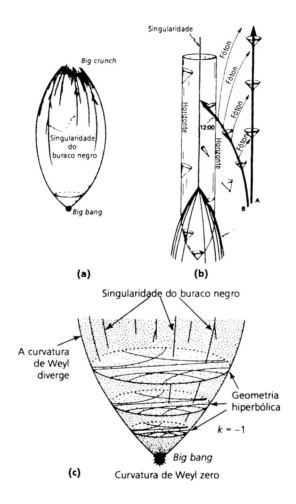

FIGURA 1.28 – (a) A história inteira de um universo fechado que começa com um *big bang* uniforme de baixa entropia, com Weyl = 0, e acaba com um *big crunch* de alta entropia – representando o congelamento de muitos buracos negros – com Weyl → ∞. (b) Um diagrama de espaço-tempo que representa o colapso de um buraco negro individual. (c) A história de um universo aberto, mais uma vez começando com um *big bang* uniforme de baixa entropia, com Weyl = 0.

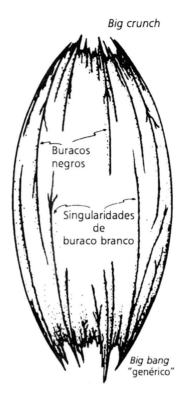

FIGURA 1.29 – Se o vínculo Weyl = 0 é removido, temos também um *big bang* de alta entropia, com Weyl → ∞. Tal universo seria crivado de buracos brancos e não haveria a segunda lei da termodinâmica, em grosseira contradição com a experiência.

resultar num tensor de Weyl essencialmente igual a zero ou, antes, obrigado a ser de fato muito pequeno.

Isso nos daria um Universo como o mostrado na Figura 1.28a ou 1.28c e não como o da Figura 1.29. A hipótese da curvatura de Weyl é assimétrica temporalmente e se aplica apenas a singularidades de tipo passado e não às singularidades futuras. Se a mesma flexibilidade de permitir que o tensor de Weyl seja "geral" que apliquei ao futuro também se aplicasse ao passado do Universo, no modelo fechado, terminaríamos com um Universo de aparência medonha, com tanta confusão no passado quanto no futuro (Figura 1.29). Ele não se parece em nada com o Universo em que vivemos.

Qual é a probabilidade de que, puramente por *acaso*, o Universo tivesse uma singularidade inicial que se parecesse mesmo remotamente com o que é? A probabilidade é de menos de uma parte em $10^{10^{123}}$. De onde vem essa estimativa? É derivada de uma fórmula de Jacob Beckenstein e de Stephen Hawking acerca da entropia de buraco negro e, se a aplicarmos nesse contexto particular, obteremos essa resposta enorme. Ela depende de quão grande seja o Universo e, se adotarmos o meu Universo favorito, o número é, de fato, infinito.

O que isso diz acerca da precisão que deve estar envolvida na determinação do *big bang*? Ela é realmente muito, muito extraordinária. Ilustrei essa probabilidade numa caricatura do Criador, achando um minúsculo ponto nesse espaço de fase que representa as condições iniciais a partir das quais o nosso Universo deve ter evoluído, se é que deve parecer-se remotamente com aquele em que vivemos (Figura 1.30). Para achá-lo, o Criador tem de situar

FIGURA 1.30 – Para produzir um universo parecido com aquele em que vivemos, o Criador teria de apontar para um volume absurdamente pequeno do espaço de fase de universos possíveis – no máximo $1/10^{10.123}$ do volume total. (O alfinete e o ponto indicado não estão desenhados em escala!)

esse ponto no espaço de fase com uma exatidão de uma parte em $10^{10^{123}}$. Se eu pusesse um zero em cada partícula elementar do Universo, ainda não conseguiria escrever o número completo. É um número estupendo.

Tenho falado sobre precisão – como a matemática e a física concordam entre si com uma precisão extraordinária. Também falei sobre a segunda lei da termodinâmica, que muitas vezes é tida como uma lei um tanto vaga – ela trata de aleatoriedade e acaso – mas, mesmo assim há algo de muito preciso escondido atrás dessa lei. Quando aplicada ao Universo, ela tem a ver com a precisão com que o estado inicial foi determinado. Essa precisão deve ter algo a ver com a união da teoria quântica com a relatividade geral, uma teoria de que não dispomos. No próximo capítulo, no entanto, vou dizer-lhes algo sobre o tipo de coisa que deve estar implicado em tal teoria.

2
OS MISTÉRIOS DA FÍSICA QUÂNTICA

No primeiro capítulo, sustentei que a estrutura do mundo físico é dependente, muito precisamente, da matemática, como ilustrado simbolicamente na Figura 1.3. É notável como a matemática é extraordinariamente precisa na descrição dos aspectos mais fundamentais da física. Numa conferência famosa, Eugene Wigner (1960) referiu-se a isso da seguinte forma:

> A insensata efetividade da matemática nas ciências físicas.

A lista de sucessos é muito impressionante:

A *geometria euclidiana* é exata para distâncias menores do que a largura de um átomo de hidrogênio até a esfera do metro. Como discutimos na primeira conferência, não é precisamente exata por causa dos efeitos da relatividade geral, mas, para a maior parte dos objetivos práticos, a geometria euclidiana é realmente muito precisa.

Sabe-se que a *mecânica newtoniana* é exata em cerca de uma parte em 10^7, mas não precisamente exata – mais uma vez, precisamos da relatividade para obter resultados mais exatos.

A *eletrodinâmica de Maxwell* sustenta-se numa enorme gama de escalas, do tamanho das partículas, quando usada conjuntamente com a mecânica quântica, até os tamanhos de galáxias distantes, correspondentes a escalas de 10^{35} ou mais.

Pode-se dizer que a *relatividade de Einstein*, como examinada no primeiro capítulo, é exata para cerca de uma parte em 10^{14}, mais ou menos duas vezes a da mecânica newtoniana, em que, se considera que a teoria de Einstein inclui a mecânica newtoniana.

A *mecânica quântica* é o assunto deste capítulo e é também uma teoria extraordinariamente precisa. Na teoria quântica de campos, que é a combinação da mecânica quântica com a eletrodinâmica de Maxwell e com a teoria da relatividade restrita de Einstein, existem efeitos cuja acurácia pode ser calculada em cerca de uma parte em 10^{11}. Especificamente, num conjunto de unidades conhecidas como "unidades de Dirac", prevê-se que o momento magnético do elétron seja de 1,001159652(46), comparado com o valor experimentalmente determinado de 1,0011596521(93).

Existe um ponto importante acerca dessas teorias – a matemática não é apenas extraordinariamente efetiva e acurada em sua descrição de nosso mundo físico, mas também extraordinariamente fértil enquanto matemática em si mesma. Muitas vezes, vemos que alguns dos mais férteis conceitos da matemática se basearam em conceitos que vieram de teorias físicas. Eis aqui alguns exemplos dos tipos de matemática que foram estimulados pelas exigências das teorias físicas:

- números reais;
- geometria euclidiana;
- cálculo infinitesimal e equações diferenciais;
- geometria simpléctica;
- formas diferenciais e equações diferenciais parciais;
- geometria riemanniana e geometria de Minkowski;

- números complexos;
- espaço de Hilbert;
- integrais funcionais;
- ...e assim por diante.

Um dos exemplos mais impressionantes foi a descoberta do calculo infinitesimal, que foi desenvolvido por Newton e outros para fornecer os fundamentos matemáticos do que hoje chamamos mecânica newtoniana. Quando esses vários tipos de matemática foram, em seguida, aplicados à solução de problemas puramente matemáticos, mostraram-se extremamente férteis enquanto matemática *per se*.

No capítulo 1, examinamos as escalas dos objetos, que vão do comprimento e do tempo de Planck, as unidades fundamentais de comprimento e de tempo, passando pelos menores tamanhos encontrados na física de partículas, de cerca de 10^{20} vezes maiores do que a escala de Planck, pelas escalas humanas de comprimento e tempo, mostrando que somos estruturas extremamente estáveis no Universo, até a idade e o raio de nosso Universo. Mencionei o fato um tanto perturbador de que, em nossa descrição da física fundamental, usamos duas maneiras completamente diferentes de descrever o mundo, conforme estivermos falando de coisas em pequena ou em grande escala. A Figura 2.1 (que é uma reprodução da Figura 1.5) ilustra o fato de usarmos a mecânica quântica para descrever o nível quântico baixo de atividade, e a física clássica para descrever fenômenos em grande escala. Indiquei esses níveis de atividade como **U** para o nível quântico, representando o Unitário, e **C** para o nível clássico. Discuti a física de grande escala no capítulo 1 e dei ênfase ao fato de que parecemos ter leis completamente diferentes em grande e em pequena escala.

Creio que a visão normal dos físicos é de que, se realmente entendêssemos a física quântica corretamente, poderíamos deduzir a física clássica a partir dela. Quero argumentar diferentemente. Na prática, não se faz isso – usa-se *ou* o nível clássico *ou* o nível quântico. Isso é perturbadoramente parecido com a maneira como

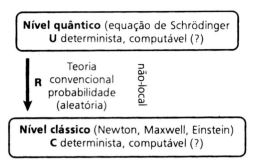

FIGURA 2.1.

Os gregos antigos viam o mundo. Para eles, existia um conjunto de leis que se aplicavam à Terra e um outro diferente conjunto que se aplicava aos céus. A força do ponto de vista galileano--newtoniano consistia no fato de poder unir esses dois conjuntos de leis e ver que eles podiam ser entendidos nos termos da mesma física. Hoje parece que estamos de volta a uma situação de tipo grego, com um conjunto de leis que se aplica ao nível quântico e outro conjunto que se aplica ao nível clássico.

Existe um possível mal-entendido que devo esclarecer acerca da Figura 2.1. Pus os nomes de Newton, Maxwell e Einstein na caixa de nome "Nível clássico", juntamente com a palavra "determinista". Não quero dizer que eles acreditavam, por exemplo, que a maneira como o Universo se comporta seja determinista. É muito razoável supor que Newton e Maxwell não pensavam assim, embora Einstein aparentemente pensasse. As observações "determinista, computável (?)" referem-se apenas a suas teorias e não ao que os cientistas acreditavam sobre o mundo real. Na caixa chamada "Nível quântico", incluí as palavras "equação de Schrödinger" e, com certeza, ele não acreditava que toda a física fosse descrita pela equação que leva o seu nome. Voltarei a esse ponto mais adiante. Em outras palavras, as pessoas e as teorias que recebem o nome delas são coisas completamente distintas.

Bem, existem realmente esses dois níveis distintos ilustrados na Figura 2.1? Certamente podemos colocar a questão: "O Universo é precisamente governado apenas por leis da mecânica quântica? Podemos explicar o Universo inteiro em termos de mecânica quântica?". Para discutir essa questão, terei de dizer algo a respeito da mecânica quântica. Mas antes farei uma breve lista de algumas das coisas que ela pode explicar.

- *A estabilidade dos átomos.* Antes da descoberta da mecânica quântica, não se entendia por que os elétrons do átomo não caem em espiral em seus núcleos, como deveria acontecer de acordo com uma descrição inteiramente clássica. Não deveriam existir átomos clássicos estáveis.
- *Linhas espectrais.* A existência de níveis de energia quantizados nos átomos e as transições entre eles dão origem a linhas de emissão que observamos com comprimentos de onda precisamente definidos.
- *Forças químicas.* As forças que mantêm juntas as moléculas são de natureza inteiramente quântica.
- *Radiação de corpo negro.* O espectro da radiação de corpo negro só pode ser entendido se a própria radiação for quantizada.
- *A confiabilidade da hereditariedade.* Isso depende da mecânica quântica no nível molecular do DNA.
- *Lasers.* A operação de lasers depende da existência de transições quânticas estimuladas entre estados quânticos das moléculas e da natureza quântica (Bose-Einstein) da luz.
- *Supercondutores e superfluidos.* Estes são fenômenos que ocorrem em temperaturas muito baixas e estão ligados a correlações quânticas de longo alcance entre elétrons (e outras partículas) em várias substâncias.
- ...etc. ...etc.

Em outras palavras, a mecânica quântica é onipresente até mesmo no dia a dia e está no coração de muitas áreas de alta tecnologia, inclusive os computadores eletrônicos. A *teoria quântica de campos*, a combinação da mecânica quântica com a teoria da relatividade restrita de Einstein, também é essencial para entender a física de partículas. Como mencionamos acima, sabe-se que a teoria quântica de campos é exata em cerca de uma parte em 10^{11}. Essa lista apenas mostra quão maravilhosa e poderosa é a mecânica quântica.

Deixe-me dizer algo a respeito do que é a mecânica quântica. A experiência arquetípica é mostrada na Figura 2.2. Segundo a mecânica quântica, a luz consiste em partículas chamadas *fótons*, e a Figura mostra uma fonte de *fótons* que assumimos emitir um fóton de cada vez. Há duas fendas *t* e *b* e uma tela por trás delas. Os fótons chegam à tela como eventos individuais, onde são detectados separadamente, como se fossem partículas comuns. O curioso comportamento quântico aparece da seguinte maneira. Se apenas a fenda *t* estivesse aberta e a outra fechada, haveria muitos lugares na tela que o fóton poderia atingir. Se eu fechar a fenda *t* e abrir a fenda *b*, posso ver de novo que o fóton pode atingir o mesmo ponto na tela. Mas se eu abrir ambas as fendas e tiver escolhido cuidadosamente meu ponto na tela, posso agora ver que o fóton não pode atingir esse ponto, ainda que pudesse fazê-lo se apenas uma das fendas estivesse aberta. De algum modo, as duas coisas possíveis que o fóton *poderia* fazer eliminam-se entre si. Ou uma coisa acontece ou a outra – não podemos ter as duas coisas possíveis de acontecer, que de algum modo conspiram para eliminar uma à outra.

A maneira como compreendemos o resultado dessa experiência na teoria quântica consiste em dizer que, quando o fóton está *en route*, a caminho da fonte para a tela, o estado do fóton não é o de ter passado por uma fenda ou pela outra, mas sim uma combinação misteriosa dos dois, ponderada por *números complexos*. Ou seja, podemos escrever o estado dos fótons como

$$\mathbf{w} \times (\text{alternativa } \mathbf{A}) + \mathbf{z} \times (\text{alternativa } \mathbf{B})$$

onde **w** e **z** são números complexos. (Aqui, "alternativa A" pode representar o itinerário stp tomado pelo fóton, na Figura 2.2, representando "alternativa B" o itinerário sbp.)

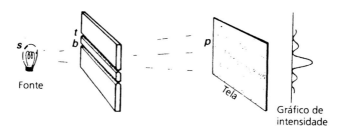

FIGURA 2.2 – A experiência das duas fendas, com fótons individuais de luz monocromática.

Ora, é importante que os números que multiplicam as duas alternativas sejam números complexos – essa é a razão pela qual ocorrem as exclusões. Poderíamos pensar que podíamos calcular o comportamento do fóton nos termos da probabilidade de que tivesse feito uma ou outra coisa, e então **w** e **z** seriam ponderações de probabilidade em números reais. Mas essa interpretação não é correta, pois **w** e **z** são complexos. Não podemos explicar a natureza ondulatória das partículas quânticas em termos de "ondas de probabilidade" de alternativas. Elas são *ondas complexas* de alternativas! Ora, os números complexos são coisas que envolvem a raiz quadrada de menos 1, $i = \sqrt{-1}$, bem como os números reais comuns. Podem ser representados num gráfico bidimensional, com os números puramente reais correndo ao longo do eixo do x, o eixo real, e os números puramente imaginários subindo pelo eixo do y, o eixo imaginário, como ilustrado na Figura 2.3a. Em geral, um número complexo é uma combinação de números puramente reais e puramente imaginários, como $2 + 3\sqrt{-1} = 2 + 3i$, e pode ser representado por um ponto no gráfico da Figura 2.3a, frequentemente chamado de diagrama de Argand (ou plano de Wessel ou plano de Gauss).

Cada número complexo pode ser representado como um ponto na Figura 2.3a. E existem várias regras sobre como podemos adicioná-los, multiplicá-los etc. Por exemplo, para somá-los, usamos apenas a regra do paralelogramo, que equivale a somar as partes reais e as imaginarias separadamente, como ilustrado na Figura 2.3b. Podemos também multiplicá-los, usando a regra dos triângulos semelhantes, como ilustrado na Figura 2.3c. Quando nos familiarizamos com diagramas como os da Figura 2.3, os números complexos se tornam coisas muito mais concretas, e não mais objetos abstratos. O fato de esses números fazerem parte dos fundamentos da teoria quântica faz muitas vezes que as pessoas tenham a impressão de que a teoria é algo um tanto abstrato e incompreensível, mas quando nos acostumamos com os números complexos, particularmente depois de brincarmos com eles no diagrama de Argand, eles se tornam objetos muito concretos e não nos preocupamos muito mais com eles.

Existe, no entanto, algo mais na teoria quântica do que simplesmente a superposição de estados ponderados por números complexos. Até aqui, permanecemos no nível quântico, onde se aplicam as regras que chamei de **U**. Nesse nível, o estado do sistema é dado por uma superposição ponderada por números complexos de todas as alternativas possíveis. A evolução temporal do estado quântico é chamada *evolução unitária* (ou evolução de Schrödinger) – que e o que **U** representa realmente. Uma importante propriedade de **U** é a de ser *linear*. Isso significa que uma superposição de dois estados sempre evolui da mesma maneira que cada um deles o faria individualmente, mas superpostos com ponderações de números complexos que permanecem *constantes no tempo*. Essa linearidade é uma característica fundamental da equação de Schrödinger) No nível quântico, essas superposições ponderadas por números complexos sempre se mantêm.

Quando, porém, ampliamos alguma coisa para o nível *clássico, mudamos as regras*. Por ampliar para o nível clássico entendo ir do nível **U**, que está em cima, para o nível **C**, embaixo, da Figura 2.1 – fisicamente, é isso que acontece, por exemplo, quando observamos uma mancha na tela. Um evento quântico de pequena escala desencadeia algo maior, que pode realmente ser visto no nível clássico. O que se faz na teoria quântica-padrão é tirar do armário algo que as pessoas não gostam muito de mencionar. É o

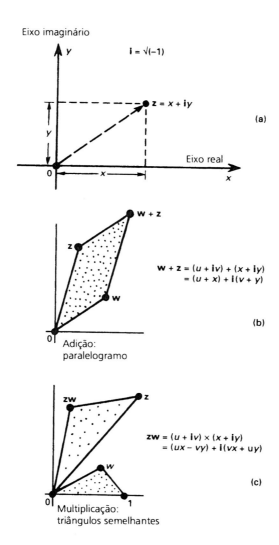

FIGURA 2.3 – (a) A representação de um número complexo no plano complexo (de Wessel-Argand-Gauss). (b) A descrição geométrica da adição de números complexos. (c) A descrição geométrica multiplicação de números complexos.

que se chama o *colapso da função de onda* ou *a redução do vetor de estado* – estou usando a letra **R** para esse processo. Fazemos algo completamente diferente da evolução unitária. Numa superposição de duas alternativas, consideramos os dois números complexos e calculamos os quadrados de seus módulos – o que significa calcular os quadrados das distâncias da origem dos dois pontos no plano de Argand – e esses dois módulos ao quadrado tornam-se as razões das probabilidades das duas alternativas. Mas isso só acontece quando "fazemos uma medição" ou "fazemos uma observação". Pode-se considerar isso como o processo de ampliar fenômenos do nível **U** para o nível **C** da Figura 2.1. Com esse processo, mudamos as regras – não mais mantemos essas superposições lineares. De repente, as razões desses módulos ao quadrado se tornam probabilidades. É só ao ir do nível **U** ao nível **C** que introduzimos o não determinismo. Esse não determinismo começa com **R**. Tudo no nível **U** é determinista – a mecânica quântica só se torna não determinista quando fazemos o que se chama "fazer uma medição".

Assim, esse é o esquema usado na mecânica quântica-padrão. É um tipo de esquema muito estranho para uma teoria fundamental. Talvez, se ele fosse apenas uma aproximação de uma teoria mais fundamental, poderia ter mais sentido, mas esse procedimento híbrido é ele próprio considerado por todos os profissionais uma teoria fundamental!

Falarei um pouco mais sobre esses números complexos. À primeira vista, eles parecem ser coisas muito abstratas ao nosso redor, até elevarmos ao quadrado seus módulos; tornam-se, então, probabilidades. Na realidade, eles têm muitas vezes um caráter fortemente geométrico. Quero apresentar-lhes um exemplo em que o significado deles pode ser apreciado mais claramente. Antes disso, falarei um pouco mais sobre a mecânica quântica. Usarei esses parênteses engraçados, conhecidos como parênteses de Dirac. São apenas uma abreviação para descrever o estado do sistema – quando escrevo $|A\rangle$, quero dizer que o sistema está no estado quântico A. O que fica dentro do parêntese é uma descrição do estado quântico. Muitas vezes, o estado quântico global do sistema é grafado como ψ que é uma superposição de outros estados, e isso pode ser escrito assim:

$$|\psi\rangle = \mathbf{w}\,|\,A\rangle + z\,|\,B\rangle$$

para o caso da experiência das duas fendas.

Ora, na mecânica quântica, não estamos tão interessados nos tamanhos dos números em si mesmos quanto na razão entre eles. Existe uma regra na mecânica quântica que lhe permite multiplicar o estado por algum número complexo e não mudar a situação física (contanto que o número complexo não seja zero). Em outras palavras, só a razão desses números complexos tem um significado físico direto. Quando aparece **R**, consideramos as probabilidades, e então o que é necessário é a razão dos módulos ao quadrado, mas, se ficarmos no nível quântico, podemos esperar interpretar as próprias razões desses números complexos, antes mesmo que seus módulos sejam apreendidos. A *esfera de Riemann* é uma maneira de representar números complexos numa esfera (Figura 1.10c). Mais corretamente, não estamos lidando apenas com números complexos, mas com *razões* entre números complexos. Temos de ser cuidadosos com as razões, pois o denominador pode vir a ser zero, e neste caso a razão se torna infinita – temos de lidar também com esse caso. Podemos colocar todos os números complexos. Juntamente com o infinito, numa esfera, através dessa muito cuidadosa projeção em que o plano de Argand é agora o plano equatorial, cortando a esfera no círculo de unidade, que é o equador da esfera (Figura 2.4). Evidentemente, podemos projetar cada ponto do plano equatorial na esfera de Riemann, projetando a partir do seu polo sul. Como se pode ver no diagrama, o polo sul da esfera de Riemann corresponderia, nessa projeção, ao "*ponto no infinito*" do plano de Argand.

Se um sistema quântico tiver dois estados alternativos, os diferentes estados que podem ser compostos pela combinação deles dois são representados por uma esfera – uma esfera abstrata, nesse estágio – mas existem circunstâncias em que podemos realmente

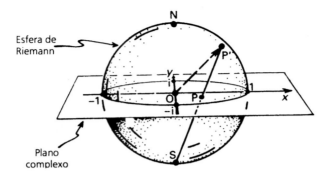

FIGURA 2.4 – A esfera de Riemann. O ponto P, que representa $u = z/w$ no plano complexo, é projetado a partir do polo sul S sobre um ponto P' na esfera. A direção OP', a partir do centro da esfera O, é a direção do eixo do spin para o estado superposto de duas partículas de spin –1/2.

ver isso. Gosto muito do seguinte exemplo. Se tivermos urna partícula de spin –1/2, como um elétron, um próton ou um nêutron, as várias combinações de seus estados de spin podem ser realizadas geometricamente. Partículas de spin –1/2 podem ter dois estados de spin, um com o vetor de rotação apontado para cima (o estado up) e o outro com o vetor de rotação apontado para baixo (o estado down). A superposição dos dois estados pode ser representada simbolicamente pela equação

$$|\mathscr{A}\rangle = w\,|\!\uparrow\rangle + z\,|\!\downarrow\rangle$$

As diferentes combinações desses estados de spin dão-nos a rotação em volta de algum outro eixo e, se quisermos saber onde esse eixo está, tomamos a razão dos números complexos w e z, que nos dão outro número complexo $u = z/w$. Colocamos esse novo número u na esfera de Riemann e a direção desse número complexo a partir do centro é a direção do eixo do spin. Vemos assim que os números complexos da mecânica quântica não são tão abstratos como podem parecer à primeira vista. Têm um significado bem concreto – às vezes o significado é um tanto difícil de descobrir, mas, no caso da partícula de spin −1/2, o significado é manifesto.

Essa análise das partículas de spin −1/2 diz-nos algo mais, Não há nada especial com o spin-up e o spin-down. Eu poderia ter escolhido qualquer outro eixo que quisesse, digamos, esquerda ou direita, para a frente ou para trás – não faz diferença. Isso ilustra que não há nada de especial com os dois estados com que começamos (exceto que os dois estados de spin escolhidos devem ser o oposto um do outro). Segundo as regras da mecânica quântica, qualquer outro estado de spin é tão bom quanto aquele com que começamos. Isso fica claramente ilustrado nesse exemplo.

A mecânica quântica é um belo assunto, bem delineado. Entretanto, tem também muitos mistérios. É com certeza um assunto misterioso de múltiplas maneiras, um assunto intrigante ou paradoxal. Quero ressaltar que existem mistérios de *dois tipos diferentes*. Chamo-os de mistérios Z e X.

Os mistérios Z são os mistérios quebra-cabeça, *puZZLe*, em inglês – são coisas que certamente existem no mundo físico, ou seja, há boas experiências que nos dizem que a mecânica quântica se comporta dessas misteriosas maneiras. Talvez alguns desses efeitos não tenham sido testados integralmente, mas há poucas dúvidas de que a mecânica quântica esteja certa. Esses mistérios compreendem fenômenos como a *dualidade onda-partícula* a que já me referi, *medições nulas*, de que falarei em breve, *spin*, de que acabei de falar, e *efeitos não locais*, de que também falarei em breve. Essas coisas são autênticos e intrigantes fenômenos, mas poucas pessoas contestam sua realidade – são com certeza parte da natureza.

Existem outros problemas, porém, a que me refiro como mistérios *X*. Esses são mistérios *paradoXais*. A meu ver, eles são indicações de que a teoria está incompleta, errada ou outra coisa – necessita de mais atenção. O mistérios *X* essencial diz respeito ao *problema da medição*, que discuti acima – particularmente, o fato de que as regras mudam de **U** para **R** quando passamos do nível quântico para o nível clássico. Poderíamos entender por que surge esse procedimento **R**, talvez como uma aproximação ou uma ilusão, se entendermos melhor como se comportam sistemas quânticos grandes e complicados? O mais famoso dos paradoxos X diz respeito ao *gato de Schrödinger*. Nessa experiência – faço questão de ressaltar que se trata de uma experiência de pensamento, pois Schrödinger) era um homem muito humano – o gato está num estado ao mesmo tempo de morte e de vida. Não vemos na realidade gatos como esse. Em breve falarei mais sobre esse problema.

Minha opinião é que devemos aprender a ficar tranquilos com os mistérios Z, mas que os mistérios X devem ser descartados quando temos uma teoria melhor. Repito que essa é em grau eminente a minha opinião sobre os mistérios X. Muitos outros veem os (aparentes?) paradoxos da teoria quântica sob uma luz diferente – ou, melhor dizendo, sob *muitas diferentes* luzes!

Permitam-me dizer algo acerca dos mistérios Z antes de tratar dos problemas mais sérios dos mistérios X. Discutirei dois dos mais impressionantes mistérios Z. Um deles é o problema da *não localidade quântica*, ou, como preferem alguns, do *emaranhamento quântico*. Trata-se de algo extraordinário. A ideia veio originalmente de Einstein e seus colegas, Podolsky e Rosen, e é conhecida como a experiência EPR. A versão provavelmente mais fácil de se entender é a apresentada por David Bohm. Temos uma partícula de spin 0 que divide em duas partículas de spin $-1/2$, digamos, um elétron e um pósitron, que vão em direções opostas. Medimos, então, os spins das partículas que se afastam para os pontos A e B, bem separados. Existe um teorema muito famoso de autoria de John Bell que nos diz que existe um conflito entre as expectativas da mecânica quântica acerca das probabilidades conjuntas dos resultados de medições nesses pontos A e B e qualquer modelo "realista local". Por modelo "realista local" entendo qualquer modelo em que o elétron é uma coisa em A e o pósitron é outra coisa em B, e essas duas coisas estão separadas uma da outra – não estão conectadas de modo algum. Assim, essa hipótese dá resultados para as probabilidades conjuntas de medição que possam ser realizadas em A e B que estão em conflito com a mecânica quântica. John Bell dei-

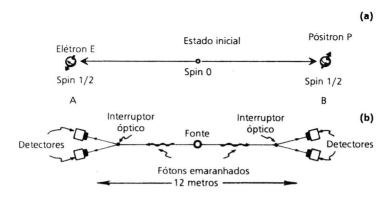

FIGURA 2.5 – (a) Uma partícula de spin 0 decai em duas partículas de spin −1/2, um elétron E um pósitron P. A medição do spin de uma das partículas de spin −1/2 aparentemente fixa *de modo instantâneo* o estado de spin da outra. (b) A experiência EPR de Alain Aspect e colegas. Pares de fótons são emitidos na fonte num estado emaranhado. A decisão quanto à direção em que deve ser medida a polarização do fóton não é tomada até que os fótons estejam em pleno voo – tarde demais para que uma mensagem chegue ao fóton oposto, falando-lhe da direção de medição.

xou isto muito claro. É um resultado muito importante, e experiências ulteriores, como a realizada por Alain Aspect em Paris, confirmaram essa predição da mecânica quântica. A experiência é ilustrada na Figura 2.5 e diz respeito aos estados de polarização de pares de fótons emitidos em direções opostas a partir de uma fonte central.

A decisão quanto às direções de polarização dos fótons que deviam ser medidas não foi tomada até que os fótons estivessem em pleno voo da fonte para os detectores em A e B. Os resultados dessas medições mostraram claramente que as probabilidades conjuntas para os estados de polarização dos fótons detectados em A e em B concordavam com as predições da mecânica quântica, como a maioria das pessoas, inclusive o próprio Bell, teria acreditado, mas isso violando a suposição natural de que esses dois fótons sejam objetos separados e independentes. A experiência de Aspect detectou emaranhados quânticos numa distância de cerca de 12 metros. Fiquei sabendo que hoje existem algumas experiências relativas à criptografia quântica em que ocorrem efeitos semelhantes em distâncias da ordem de quilômetros.

Devo ressaltar que, nesses efeitos *não locais*, os eventos ocorrem em pontos separados em A e em B, mas estão ligados de maneira misteriosa. A maneira como estão ligados – ou *emaranhados* é algo sutilíssimo. Estão emaranhados de tal modo que não há jeito de usar esse emaranhamento para mandar um sinal de A para B – isso é muito importante para a consistência da teoria quântica com a relatividade. Caso contrário, teria sido possível usar o emaranhamento quântico para enviar mensagens mais rápidas do que a luz. O emaranhamento quântico é algo muito estranho. Está em algum lugar entre objetos separados e em comunicação recíproca é um fenômeno pertencente exclusivamente à mecânica quântica e não existe nenhum análogo dele na física clássica.

Um segundo exemplo de mistério Z diz respeito às *medições nulas* e é bem ilustrado pelo *problema Elitzur-Vaidman de teste de bomba*. Imagine que você pertença a um grupo de terroristas e que tenha deparado com uma grande quantidade de bombas. Cada bomba tem um detonador ultrassensível em sua ponta, tão sensível que um único fóton visível de luz refletido num espelhinho em sua ponta lhe transmite um impulso suficiente para detoná-la numa violenta explosão. Há, no entanto, uma proporção um tanto grande de bombas defeituosas em meio ao conjunto de bombas. São bombas defeituosas de uma maneira especial. O problema é que o delicado êmbolo ao qual o espelho está preso foi danificado durante a fabricação e, por isso, quando um único fóton atinge o espelho de uma bomba falsa, ele não move o êmbolo e a bomba não explode (Figura 2.6a). O ponto-chave é que o espelho no nariz da bomba defeituosa agora age como um espelho fixo comum, em vez de um espelho móvel que age como parte do mecanismo de detonação. Assim, o problema é este: achar uma bomba garantidamente em bom estado, dada uma grande coleção de bombas que contém certo número de bombas defeituosas. Na física clássica, simplesmente não há maneira de fazer isso. A única maneira de testar se se trata de uma bomba em bom estado seria sacudir o detonador, e então a bomba explodiria.

É extraordinário que a mecânica quântica nos permita testar se algo *poderia* ter acontecido mas não aconteceu. Ela testa o que os filósofos chamam de *contrafactuais*. É notável que a mecânica quântica admita que efeitos reais resultem de contrafactuais!

Vou mostrar-lhes como resolver o problema. A Figura 2.6b mostra a versão original da solução apresentada por Elitzur e Vaidman em 1993. Suponhamos que temos uma bomba defeituosa. Ela tem um espelho que está entalado – é apenas um espelho fixo – e assim ele não sacoleja significativamente e não há explosão quando um fóton salta dele. Estabelecemos o arranjo mostrado na Figura 2.6b. É emitido um fóton que primeiro encontra um espelho semiprateado. É um espelho que transmite metade da luz que nele incide e reflete a outra metade. Poder-se-ia pensar que isso significa que metade dos fótons que encontram o espelho é transmitida através dele e metade salta para fora. Entretanto, não é de modo algum isso que acontece no nível quântico de cada fóton. Na realidade, cada fóton emitido individualmente da fonte seria posto num estado de superposição quântica de cada um dos percursos alternativos para o fóton: transmitido e refletido. O espelho da bomba deve estar no caminho do feixe de fótons transmitidos num ângulo de 45°. A parte do feixe de fótons que é refletida do espelho semiprateado encontra outro espelho, esse inteiramente prateado, também num ângulo de 45°, e então ambos os feixes se dirigem juntos para um espelho semiprateado final, como indicado na Figura 2.6b. Há detectores em dois lugares, A e B.

Vejamos o que acontece com um único fóton, emitido pela fonte, no caso de uma bomba defeituosa. Quando ele encontra o primeiro espelho semiprateado seu estado divide-se em dois estados separados, um dos quais corresponde ao fóton que passa através do espelho semiprateado e se dirige para a bomba defeituosa, e o outro que corresponde ao fóton que é refletido na direção do espelho fixo. (Essa superposição de percursos alternativos do fóton é

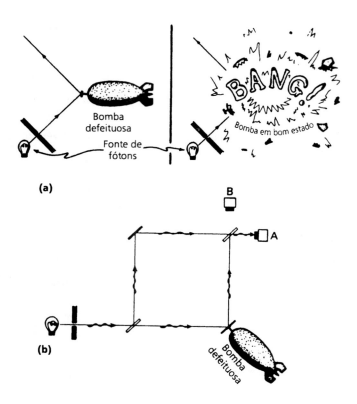

FIGURA 2.6 – (a) O problema Elitzur-Vaidman de teste de bombas. O detonador ultrassensível responderá ao impulso de um único fóton de luz visível – assumindo que a bomba não esteja com defeito porque seu detonador esteja emperrado. O problema é encontrar uma bomba garantidamente em bom estado, dada uma grande quantidade de bombas duvidosas. (b) O arranjo para encontrar bombas em bom estado na presença de outras defeituosas. Para uma bomba em bom estado, o espelho à direita age como um aparelho medidor. Quando a medição indica que um fóton seguiu o outro caminho, isto permite que o detector em B receba o fóton – o que não pode acontecer no caso de uma bomba com defeito.

exatamente a mesma que a que acontece na experiência das duas fendas, ilustrada na Figura 2.2. É também essencialmente o mesmo fenômeno que acontece quando adicionamos spins.) Supomos que os comprimentos das trajetórias do primeiro para o segundo espelho semiprateado sejam exatamente iguais. Para vermos qual é o estado do fóton quando ele atinge os detectores, temos de comparar os dois percursos que o fóton pode tomar para alcançar cada um dos detectores, ocorrendo esses percursos em superposição quântica. Verificamos que os percursos se neutralizam mutuamente em B, ao passo que se adicionam em A. Assim, só pode haver um sinal que ative o detector A e nunca o detector B. É exatamente como o padrão de interferência mostrado na Figura 2.2 – existem algumas posições em que nunca há nenhuma intensidade, porque as duas partes do estado quântico se neutralizam. Assim, na reflexão de uma bomba defeituosa, é sempre ativado o detector A, e nunca o B.

Suponhamos agora que temos uma bomba em bom estado. O espelho em seu nariz não é mais um espelho fixo, mas a sua potencialidade de sacudir transforma a bomba num *aparelho de medição*. A bomba mede uma ou outra das duas alternativas para o fóton no espelho – pode estar num estado em que um fóton tenha chegado ou em outro em que ele não tenha chegado. Suponhamos que o fóton atravesse o primeiro espelho semiprateado e que o espelho no nariz da bomba meça que ele de fato fez isso. Então, "Bum!!!", a bomba explode. Nós a perdemos. Assim, pegamos uma nova bomba e tentamos de novo. Talvez dessa vez a bomba indique que o fóton não chegou – não explode, e assim fique medido que o fóton se moveu na outra direção. (Esta é uma medição nula.) Ora, quando o fóton atinge o segundo espelho semiprateado ele é igualmente transmitido e refletido, e portanto é agora possível que B seja ativado. Assim, com uma bomba em bom estado, de quando em quando um fóton é detectado por B, indicando que a bomba mediu que o fóton se moveu na outra direção. O ponto crucial é que, quando a bomba está sem defeitos, age como um aparelho de medição, e isso interfere no cancelamento exato que é necessário para impedir que o fóton seja detectado por B, ainda que o fóton não interaja com a bomba – uma *medição nula*. Se o fóton não velo por um caminho, então teve de vir pelo outro! Se B detecta o fóton, sabemos que a bomba agiu como um aparelho de medição e, portanto, era uma bomba em bom estado. Além disso, com uma bomba em bom estado, de quando em quando, o detector B mediria a chegada do fóton e a bomba não explodiria. Isso *só* pode acontecer com uma bomba em bom estado. Sabemos que é uma bomba em bom estado porque mediu que o fóton na realidade seguiu pelo outro caminho.

É realmente extraordinário. Em 1994, Zeilinger visitou Oxford e disse-me que realmente fizera a experiência do teste de bombas. Na realidade, ele e seus colegas não o fizeram com bombas, mas com algo parecido, em princípio – eu deveria ressaltar que Zeilinger, com toda a certeza, não é um terrorista. Ele disse-me, então, que ele e seus colegas Kwiat, Weinfurter e Kasevich tinham uma solução melhorada, em que podem de fato fazer o mesmo tipo de experiência sem gastar absolutamente nenhuma bomba. Não vou entrar nos detalhes de como ela é feita, uma vez que se trata de um arranjo muito mais sofisticado. Na realidade, existe uma quantidade minusculamente pequena de desperdício, mas, com praticamente nenhum desperdício, pode-se encontrar uma bomba garantidamente em bom estado.

Permitam-me deixá-los com estes pensamentos. Esses exemplos ilustram alguns aspectos da natureza extraordinária da mecânica quântica e de seus mistérios Z. Acho que parte do problema consiste no fato de que algumas pessoas ficam hipnotizadas com essas coisas – dizem: "Meu Deus, a mecânica quântica é tão assombrosa!", e elas sem dúvida estão certas. Ela tem de ser assombrosa o bastante para incluir todos esses mistérios Z como fenômenos reais. Mas então julgam que também têm de aceitar os mistérios *X*, e eu creio que isso está errado!

Voltemos ao gato de Schrödinger. A versão da experiência de pensamento mostrada na Figura 2.7 não é exatamente a versão original de Schrödinger, mas será mais adequada aos nossos propósitos. Temos novamente uma fonte de fótons e um espelho

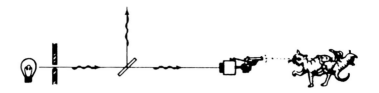

FIGURA 2.7 – *O gato de Schrödinger*. O estado quântico implica uma superposição linear de um fóton refletido e um transmitido. A componente transmitida aciona um dispositivo que mata um gato, e assim, segundo a evolução **U**, o gato existe numa superposição de vida e morte.

semiprateado que divide o estado quântico do fóton incidente numa superposição de dois diferentes estados, um refletido e outro que passa através do espelho. Há um aparelho de detecção de fótons no caminho do fóton transmitido, que registra a chegada de um fóton disparando uma arma que mata o gato. Pode-se conceber o gato como o ponto final de uma medição; passamos do nível quântico para o mundo dos objetos ponderáveis, onde se verifica que o gato está ou morto ou vivo. Mas o problema é que, se tomarmos o nível quântico como verdadeiro durante toda a ascensão até o nível dos gatos etc., teremos de acreditar que o estado real do gato é uma superposição de vida e de morte. O ponto é que o fóton está numa superposição de estados que vão numa ou noutra direção, o detector está numa superposição de estados em que está ligado ou desligado, e o gato numa superposição de estados de vida e de morte. Esse problema é conhecido há muito tempo. O que dizem diferentes pessoas sobre ele? Provavelmente existem mais atitudes diferentes em relação à mecânica quântica do que físicos quânticos. Isso não é contraditório, pois certos físicos quânticos têm diferentes opiniões ao mesmo tempo.

Desejo ilustrar uma ampla classificação de pontos de vista com uma excelente observação feita durante um jantar por Bob Wald. Disse ele:

Se você realmente *acreditar* na mecânica quântica, não pode levá-la *a sério*.

Acho que essa é uma observação muito verdadeira e profunda acerca da mecânica quântica e da atitude das pessoas em relação a ela. Na Figura 2.8, dividi os físicos quânticos em várias categorias. Em especial, eu os dividi entre aqueles que *acreditam* e aqueles que são *sérios*. Que quero dizer com sério? As pessoas sérias consideram que o vetor de estado $|\psi\rangle$ descreve o mundo real – o vetor de estado é realidade. Aqueles que "realmente" acreditam na mecânica quântica não acreditam que essa seja a atitude correta em relação a mecânica quântica. Coloquei os nomes de várias pessoas no diagrama. Até onde consigo ver, Niels Bohr e os seguidores do ponto de vista da escola de Copenhague são crentes. Bohr sem dúvida acreditava na mecânica quântica, mas não levava o vetor de estado a sério como uma descrição do mundo. De algum modo, $|\psi\rangle$ estaria inteiramente na mente – seria a nossa maneira de descrever o mundo, mas não seria o próprio mundo. E isso também leva ao que John Bell chamava de FAPP, "para todos os propósitos práticos" ["For All Practical Purposes", em inglês]. John Bell gostava da expressão, acho que porque soava levemente pejorativa. Baseia-se no "ponto de vista da decoerência", sobre o qual terei algo a dizer mais adiante. Muitas vezes descobrimos que, quando questionamos a fundo alguns dos mais ardorosos defensores de FAPP, como Zurek, eles se retiram para o meio do diagrama da Figura 2.8. Ora, o que quero dizer com "o meio do diagrama"?

Dividi o grupo das pessoas sérias em diferentes categorias. Há aqueles que acreditam que **U** é a história toda – que temos de considerar a evolução unitária como a história toda. Isso leva à interpretação dos *muitos-mundos*. Nessa interpretação, o gato está de fato tanto vivo quanto morto, mas os dois gatos, em certo sentido, habitam diferentes universos. Falarei um pouco mais sobre isso mais adiante. Indiquei alguns daqueles que adotaram esse tipo geral de ponto de vista, pelo menos em alguma fase de seu pensamento. Os defensores dos muitos-mundos são aqueles que estão no meio do meu diagrama!

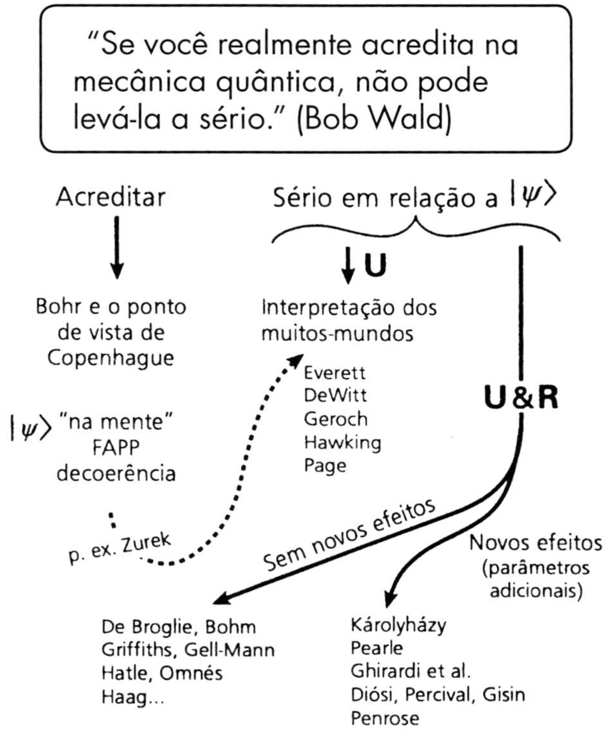

```
                "Se você realmente acredita na
                mecânica quântica, não pode
                levá-la a sério." (Bob Wald)


        Acreditar              Sério em relação a |ψ⟩
            │                    ⌠──────⌡──────⌠
            ↓                         ↓ U
      Bohr e o ponto           Interpretação dos
      de vista de              muitos-mundos
      Copenhague
                                  Everett
                                  DeWitt                U & R
  |ψ⟩ "na mente"                  Geroch
       FAPP                       Hawking
       decoerência                Page

         p. ex. Zurek         Sem novos efeitos
                                                    Novos efeitos
                                                    (parâmetros
                                                    adicionais)
       De Broglie, Bohm        Károlyházy
       Griffiths, Gell-Mann    Pearle
       Hatle, Omnés            Ghirardi et al.
       Haag...                 Diósi, Percival, Gisin
                               Penrose
```

FIGURA 2.8.

As pessoas que considero *realmente sérias* em relação a |ψ⟩, e incluo a mim mesmo entre elas, são aquelas que acreditam que tanto **U** quanto **R** são fenômenos reais. Não apenas a evolução unitária tem lugar ali, na medida em que o sistema é de certo modo pequeno, mas também existe algo diferente acontecendo ali, que é essencialmente o que chamei de **R** – pode não ser exatamente **R**, mas algo como ele que está acontecendo ali. Se você acredita nisso, então parece que você pode adotar um de dois pontos de vista. Poderia adotar o ponto de vista de que não existem novos efeitos físicos a serem levados em conta, e incluí o ponto de vista de De Broglie/Bohm aqui, bem como os pontos de vista totalmente diferentes de Griffiths, Gell-Mann, Hartle e Omnés. **R** tem algum papel a desempenhar, além da mecânica quântica **U**-padrão, mas não seria de esperar nenhum novo efeito. Assim, existem aqueles que adotam o segundo ponto de vista "realmente sério", o qual eu mesmo subscrevo, de que alguma coisa nova terá de aparecer e mudar a estrutura da mecânica quântica. **R** realmente contradiz **U** – algo novo está prestes a surgir. Incluí abaixo à direita os nomes de alguns daqueles que adotam esse ponto de vista.

Quero dizer algo um pouco mais detalhado sobre a matemática e examinar especificamente como pontos de vista diferentes lidam com o gato de Schrödinger, Voltamos à Figura do gato de Schrödinger, mas agora incluímos as ponderações com os números complexos **w** e **z** (Figura 2.9a). O fóton divide-se entre dois estados e, se você for sério em relação à mecânica quântica, acredita que o vetor de estado é real e, portanto, também acredita que o gato deva de fato estar em algum tipo de superposição de estados de morte e de vida. É muito conveniente representar esses estados usando os parênteses de Dirac, como mostrei na Figura 2.9b. Podemos pôr tanto gatos quanto símbolos dentro dos parênteses de Dirac! O gato não é toda a questão, pois também há a arma e o fóton e o ar circunstante, e portanto há também o meio ambiente – cada componente do estado é realmente o produto de todos esses efeitos conjuntamente, mas continuamos tendo uma superposição (Figura 2.9b).

Como o ponto de vista dos *muitos-mundos* lida com isso? Aqui, uma pessoa chega e olha para o gato; você pergunta: "Por que a pessoa não vê essas superposições de estados do gato?", Pois bem, alguém que acredite nos muitos-mundos descreveria a situação da maneira mostrada na Figura 2.9c. Existe um estado com um gato vivo, presenciado pela pessoa que vê e percebe um gato vivo; e existe um outro estado com o gato morto, presenciado por uma pessoa que observa um gato morto. Essas duas alternativas estão superpostas: coloquei dentro dos parênteses de Dirac os estados mentais da pessoa que observa o gato em cada um desses dois estados – a expressão da pessoa reflete o estado mental do indivíduo.

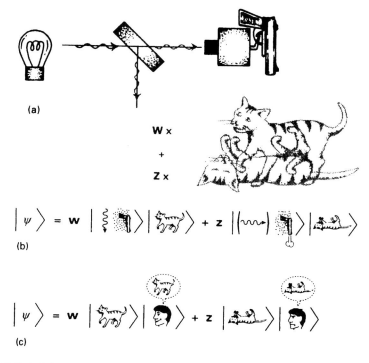

FIGURA 2.9.

Assim, a interpretação de quem crê em muitos-mundos é de que tudo vai bem – existem diferentes cópias da pessoa que percebe o gato, porém elas habitam "universos diferentes". Você pode imaginar que é uma dessas cópias, mas existe outra cópia de você em outro universo "paralelo" que vê a outra possibilidade. Sem dúvida, esta não é uma versão muito econômica do Universo, mas acho que as coisas são ainda piores que isso para a descrição dos muitos--mundos. Não é só a sua falta de economia que me preocupa. O ponto principal é que ela realmente não resolve o problema. Por exemplo, por que a nossa consciência não nos permite perceber superposições macroscópicas? Tomemos o caso especial em que **w** e **z** são iguais. Assim, podemos reescrever esse estado como aparece na Figura 2.10, ou seja, gato vivo mais gato morto juntamente com pessoa percebendo gato vivo mais pessoa percebendo gato morto, *mais* gato vivo menos gato morto juntamente com pessoa percebendo gato vivo menos pessoa percebendo gato morto – é apenas um pouco de álgebra. Agora, você pode dizer: "Bem, você não pode fazer isso – os estados de percepção não são assim!". Mas por que não? Não sabemos o que quer dizer perceber. Como sabemos que um estado de percepção não poderia perceber um gato vivo e um gato morto ao mesmo tempo? A menos que você saiba o que é percepção e tenha uma boa teoria sobre por que tais estados mistos de percepção não possam existir – e isso iria muito além do capítulo 3 –, acho que isso não fornece nenhuma explicação. Não explica por que acontece a percepção de um ou de outro mas não a percepção de uma superposição. Isso poderia ser feito numa teoria, mas você teria de ter também uma teoria da percepção. Há uma outra objeção, que é a seguinte: se deixarmos que os números **w** e **z** sejam números gerais, isso não nos diz por que as possibilidades são as probabilidades que resultam da mecânica quântica a que se chega pela regra do quadrado do módulo que descrevi anteriormente. Essas probabilidades são, afinal, coisas que podem ser testadas com muita precisão.

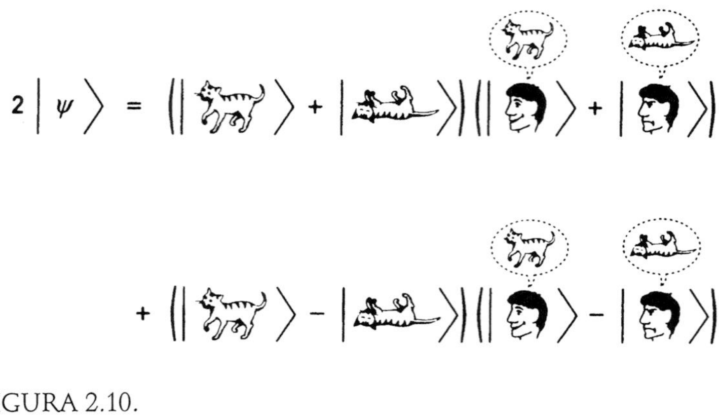

FIGURA 2.10.

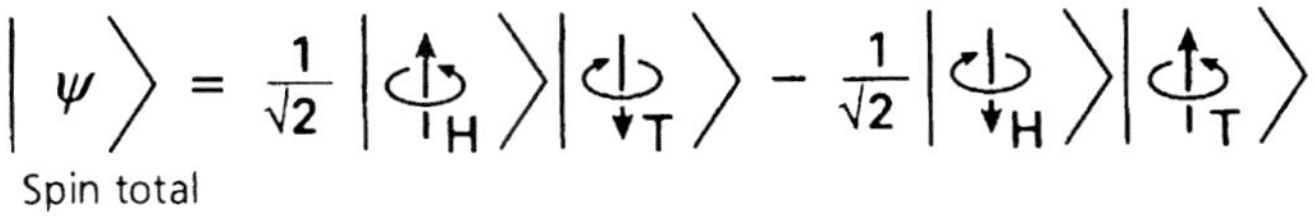

$$|\psi\rangle = \tfrac{1}{\sqrt{2}} \left|{\Updownarrow}_H\right\rangle \left|{\Downarrow}_T\right\rangle - \tfrac{1}{\sqrt{2}} \left|{\Downarrow}_H\right\rangle \left|{\Updownarrow}_T\right\rangle$$
Spin total

FIGURA 2.11.

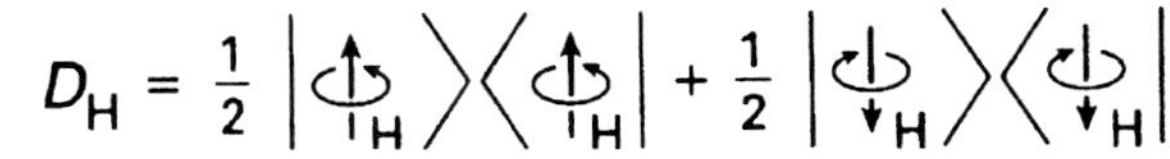

$$D_H = \tfrac{1}{2}\left|{\Updownarrow}_H\right\rangle\left\langle{\Updownarrow}_H\right| + \tfrac{1}{2}\left|{\Downarrow}_H\right\rangle\left\langle{\Downarrow}_H\right|$$

FIGURA 2.12.

Permitam-me que vá um pouco mais adiante na questão da medição quântica. Precisarei dizer algo mais acerca do *emaranhamento quântico*. Na Figura 2.11, apresentei uma descrição da experiência EPR na versão de Bohm, que, não nos esqueçamos, é um dos mistérios Z quânticos. Como descrevemos o estado das partículas de spin −1/2 que explodem nas duas direções? O spin total é zero, e assim, se tivermos uma partícula com spin para cima aqui, sabemos que a partícula que está lá tem de ter um spin para baixo. Nesse caso, o estado quântico para o sistema combinado seria um produto de "para cima-aqui" e "para baixo-lá. Mas se descobrirmos que o spin está para baixo aqui, ele tem de estar para cima lá. (Essas alternativas apareceriam se optássemos por examinar o spin da partícula aqui na direção para cima/para baixo.) Para termos o estado quântico para o sistema inteiro, temos de superpor essas alternativas. Na realidade, precisamos de um sinal de menos para fazer que o spin total do par de partículas some zero, seja qual for a direção escolhida.

Suponhamos agora que estejamos observando a realização de uma medição de spin na partícula que vem na direção do meu detector "aqui" e suponhamos que o outro esteja voando a uma grande distância, digamos na Lua – assim, "lá" é na Lua! Imaginemos agora que eu tenha um colega na Lua que meça a sua partícula numa direção para cima/para baixo. Ele terá igual probabilidade de descobrir que a sua partícula tem um spin para cima ou para baixo. Se deparar com um spin para cima, o estado de spin da minha partícula tem de ser para baixo. Se for spin para baixo, minha partícula será para cima. Assim, considero que o vetor de estado para a partícula que estou prestes a medir é uma mistura igual de estados prováveis com spin para cima e spin para baixo.

Existe um procedimento na mecânica quântica para lidar com misturas de probabilidade como essa. Usa-se uma quantidade chamada *matriz densidade*. A matriz densidade que "eu aqui" usaria na presente situação seria a expressão indicada na Figura 2.12. O primeiro "1/2" na expressão é a probabilidade de que eu descubra que o spin aqui é para cima, e o segundo "1/2" na expressão é a probabilidade de que descubra que o spin aqui é para baixo. Estas são apenas probabilidades clássicas comuns, que expressam a minha incerteza acerca do estado de spin real da partícula que estou prestes a medir. Probabilidades comuns são apenas números reais comuns (entre 0 e 1), e a combinação indicada na Figura 2.12 não é uma superposição quântica, em que os coeficientes seriam números complexos, mas sim uma combinação de probabilidade ponderada. Note-se que as quantidades que os dois fatores de probabilidade (de 1/2) multiplicam são expressões que envolvem um primeiro fator "bracket", no qual o parêntese angulado aponta para a direita – chamado um vetor *ket* (de Dirac) – e também um segundo fator "bracket", em que o parêntese angulado aponta para a esquerda – um vetor *bra*. (O vetor *bra* é o chamado "complexo conjugado" do vetor ket.)

Este não é o lugar adequado para tentar explicar, com algum detalhe, a natureza da matemática envolvida na construção de matrizes densidade. Basta dizer que a matriz densidade contém toda a informação necessária para calcular as probabilidades dos resultados de medições que possam ser realizadas numa parte do estado quântico do sistema, onde se assume que não seja acessível nenhuma informação acerca da outra parte do estado. Em nosso exemplo, o estado quântico inteiro consiste no *par* de partículas

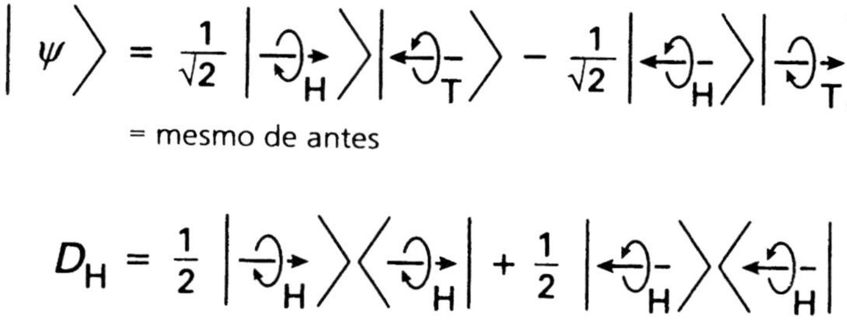

$$|\psi\rangle = \tfrac{1}{\sqrt{2}}\left|\circlearrowright_H\right\rangle\left|\circlearrowleft_T\right\rangle - \tfrac{1}{\sqrt{2}}\left|\circlearrowleft_H\right\rangle\left|\circlearrowright_T\right\rangle$$

= mesmo de antes

$$D_H = \tfrac{1}{2}\left|\circlearrowright_H\right\rangle\left\langle\circlearrowright_H\right| + \tfrac{1}{2}\left|\circlearrowleft_H\right\rangle\left\langle\circlearrowleft_H\right|$$

FIGURA 2.13.

(um estado emaranhado) e assumimos que não há nenhuma informação disponível para mim "aqui" acerca das medições que possam ser realizadas "lá", na Lua, na parceira da partícula que estou prestes a examinar "aqui".

Agora, mudemos ligeiramente a situação e suponhamos que meu colega na Lua opte por medir o spin de sua partícula numa direção direita/esquerda, em vez de para cima/para baixo. Para essa eventualidade, é mais conveniente usar a descrição do estado apresentada na Figura 2.13. Na realidade, trata-se exatamente do mesmo estado de antes, retratado na Figura 2.11, como uma pequena álgebra, baseada na geometria da Figura 2.4, vai mostrar, mas o estado é representado diferentemente. Ainda não sabemos que resultado o meu colega que está na Lua vai obter em sua medição (esquerda/direita) de spin, mas sabemos que a probabilidade é de "1/2" de deparar com spin-esquerda – e neste caso devo deparar com spin-direita – e "1/2" de deparar com spin-direita – e nesse caso eu devo topar com spin-esquerda. Por conseguinte, a matriz densidade D_H deve ser dada como na Figura 2.13, e deve verificar-se que esta é a mesma matriz densidade de antes (como dada na Figura 2.12). Sem dúvida, é assim que deveria ser. A própria escolha de medida que meu colega na Lua adotar não deveria fazer nenhuma diferença em relação às probabilidades que obtenho em minhas próprias medições. (Se fizesse diferença, meu colega poderia comunicar-se comigo da Lua numa velocidade maior do que a da luz, sendo sua mensagem codificada em sua escolha de direções de medição de spin.)

Podemos também examinar diretamente a álgebra para verificar que as matrizes densidade são de fato as mesmas. Se você conhece esse tipo de álgebra, sabe do que estou falando – se não, não se preocupe. A matriz densidade é o melhor que você pode fazer, se houver alguma parte do estado a que não se possa ter acesso. A matriz densidade usa probabilidades no sentido corrente, mas combinadas com a descrição quântica em que existem probabilidades quânticas envolvidas. Se eu não tiver conhecimento do que está ocorrendo "lá", esta seria a melhor descrição do estado "aqui" que eu poderia dar.

No entanto, é difícil assumir a tese de que a matriz densidade descreva a *realidade*. O problema é que não sei se não poderei, mais tarde, receber uma mensagem da Lua que me diga que meu colega realmente mediu o estado e chegou à resposta de que ele é assim e assado. Então, eu sei qual deve ser *realmente* o estado de minha partícula. A matriz densidade não me diz *tudo* sobre o estado de minha partícula. Para tanto, eu realmente preciso conhecer o estado real do par combinado. Assim, a matriz densidade é uma espécie de descrição provisória, e é por isso que às vezes ela é chamada de FAPP (ou seja, para todos os propósitos práticos).

Não se costuma usar a matriz densidade para descrever situações como esta, mas sim para descrever situações como a mostrada na Figura 2.14, onde, em vez de ter um estado emaranhado dividido entre o que me é acessível "aqui" e ao meu colega "lá" na Lua, o estado "aqui" é um gato, ou vivo ou morto, e o estado "lá" (talvez até mesmo na mesma sala) fornece o estado do meio ambiente total para o vetor de estado emaranhado completo. O que os defensores de FAPP dizem é que você nunca pode obter informação suficiente acerca do meio ambiente, e portanto nunca usa o vetor de estado – você tem de usar a matriz densidade (Figura 2.15).

A matriz densidade, então, se comporta como uma mistura de probabilidade, e os defensores de FAPP dizem que, para todos os

$$|\psi\rangle = w\,|🐱\rangle|🌫️\rangle + z\,|🐈‍⬛\rangle|🌫️\rangle$$

FIGURA 2.14.

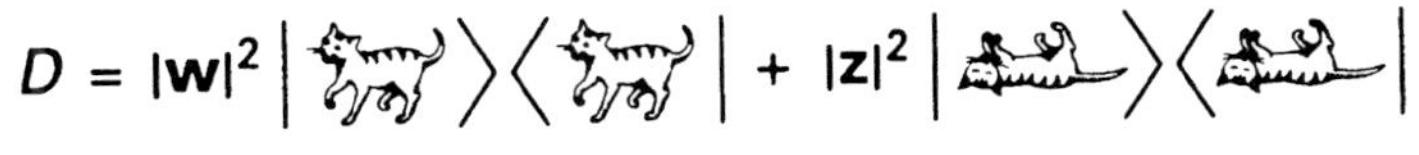

$$D = |w|^2\,|🐱\rangle\langle🐱| + |z|^2\,|🐈‍⬛\rangle\langle🐈‍⬛|$$

FIGURA 2.15.

propósitos práticos, o gato está ou vivo ou morto. Isso pode ser satisfatório, "para todos os propósitos práticos", mas não nos dá uma imagem da realidade – não nos diz o que poderá acontecer se mais tarde aparecer uma pessoa muito esperta e nos disser como extrair a informação do meio ambiente. De algum modo, trata-se de um ponto de vista temporário – suficientemente bom enquanto ninguém é capaz de dispor dessa informação. Contudo, podemos realizar em relação ao gato a mesma análise que realizamos para a partícula na experiência EPR. Mostramos que usar estados spin-direita e spin-esquerda tem o mesmo valor que usar spin-para cima e spin-para baixo. Podemos obter esses estados direita e esquerda combinando os estados para cima e para baixo, segundo as regras da mecânica quântica, e chegar ao mesmo vetor de estado emaranhado total para o par de partículas, como ilustrado na Figura 2.13a, e a mesma matriz densidade, como representado na Figura 2.13b.

No caso do gato e de seu meio ambiente (na situação em que as duas amplitudes **w** e **z** são iguais), podemos fazer a mesma peça de matemática em que "gato vivo mais gato morto" desempenha o papel de "spin-direita" e "gato vivo menos gato morto" desempenha o papel de "spin-esquerda". Obtemos o mesmo estado que antes (Figura 2.14 com **w** = **z**) e a mesma matriz densidade que antes (Figura 2.15, com **w** = **z**). Será que um gato vivo mais morto ou um gato vivo menos morto equivale a um gato vivo ou a um gato morto? Bem, isso não é assim tão óbvio. Mas

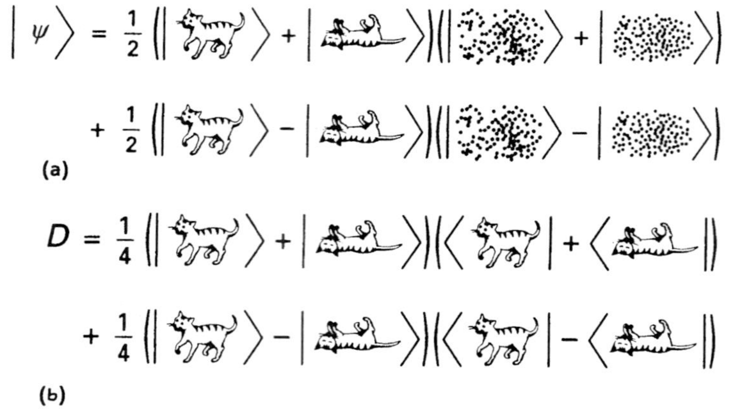

$$|\psi\rangle = \tfrac{1}{2}\left(\left|\text{🐱}\right\rangle + \left|\text{🐈}\right\rangle\right)\left(\left|\text{☁}\right\rangle + \left|\text{☁}\right\rangle\right)$$

$$+ \tfrac{1}{2}\left(\left|\text{🐱}\right\rangle - \left|\text{🐈}\right\rangle\right)\left(\left|\text{☁}\right\rangle - \left|\text{☁}\right\rangle\right)$$

(a)

$$D = \tfrac{1}{4}\left(\left|\text{🐱}\right\rangle + \left|\text{🐈}\right\rangle\right)\left(\left\langle\text{🐱}\right| + \left\langle\text{🐈}\right|\right)$$

$$+ \tfrac{1}{4}\left(\left|\text{🐱}\right\rangle - \left|\text{🐈}\right\rangle\right)\left(\left\langle\text{🐱}\right| - \left\langle\text{🐈}\right|\right)$$

(b)

FIGURA 2.16.

a matemática é simples. Ainda haveria a mesma matriz densidade para o gato que antes (Figura 2.16). Assim, saber o que é a matriz densidade não nos ajuda a determinar se o gato está realmente vivo ou morto. Em outras palavras, o caráter vivo ou morto do gato não está contido na matriz densidade – precisamos de mais.

Não apenas nada disso explica por que o gato está vivo ou morto (e não uma combinação dos dois) na realidade, mas nem sequer explica por que o gato é percebido ou como vivo ou como morto. Além disso, no caso de amplitudes gerais, **w**, **z**, não fica explicado por que as probabilidades relativas são $|\mathbf{w}|^2$ e $|\mathbf{z}|^2$. O meu ponto de vista é que isso não é suficiente. Volto ao diagrama que mostra a totalidade da física, mas agora corrigido para mostrar o que a física terá de fazer no futuro (Figura 2.17). O procedimento que descrevi com a letra **R** é uma aproximação de algo que ainda não temos. O que não temos é algo a que chamo **OR**, acrônimo de *objective reduction* [redução objetiva]. É algo objetivo acontece objetivamente ou uma coisa *ou* outra. É uma teoria que está faltando. **OR** é um bom acrônimo, pois, também significa "ou" [em inglês, *or*], e é isso de fato o que acontece, uma **OU** outra.

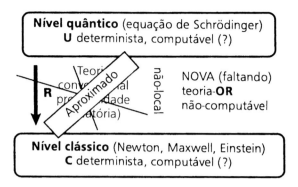

FIGURA 2.17.

Mas quando ocorre esse processo? O ponto de vista que estou defendendo é de que algo está errado com o princípio de superposição quando aplicado a *geometrias espaçotemporais* significativamente diferentes. Deparamos com a ideia de geometrias espaçotemporais no capítulo 1 e representei duas delas na Figura 2.18a. Além disso, representei a superposição dessas duas geometrias espaçotemporais na Figura, exatamente como fizemos no caso da superposição de partículas e de fótons. Quando sentimos que somos forçados a examinar superposições de diferentes espaços-tempos, surgem muitíssimos problemas, pois os cones de luz dos dois espaços-tempos podem estar voltados para direções diferentes. Esse é um dos grandes problemas com que as pessoas topam quando tentam quantizar de modo realmente sério a relatividade geral. Tentar fazer física *dentro* de um tipo tão esquisito de espaço-tempo superposto é algo que, na minha opinião, derrotou a todos até agora.

O que estou dizendo é que existem boas razões para que isso tenha derrotado a todos – pois não é o que se deveria estar fazendo. De algum modo, essa superposição realmente se torna uma **OU** outra, e isso acontece no nível do espaço-tempo (Figura 2.18b). Ora, você poderia dizer: "Está tudo bem, em princípio, mas, quan-

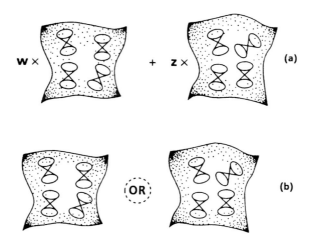

FIGURA 2.18.

do tenta combinar a mecânica quântica com a relatividade geral, você vem com esses números ridículos, o tempo de Planck e o comprimento de Planck, que estão muitas ordens de grandeza abaixo do tipo normal de comprimentos e tempos com que lidamos, até mesmo na física de partículas. Isso nada tem a ver com coisas na escala de gatos ou de pessoas. Então, o que a gravidade quântica tem a ver com isso?". Creio que ela tem muito a ver com isso, por causa da natureza fundamental do que está ocorrendo.

Qual é a relevância do comprimento de Planck, 10^{-33} cm, para a redução quântica de estado? A Figura 2.19 é uma ilustração altamente esquemática de um espaço-tempo que está tentando bifurcar-se. Existe uma situação que leva a uma superposição de dois espaços-tempos, um dos quais podendo representar o gato morto e o outro, o gato vivo, e de alguma forma esses dois diferentes espaços-tempos pareceriam precisar ser superpostos. Devemos perguntar: "Quando estarão suficientemente diferentes para que possamos nos preocupar em ter de mudar as regras?". Você olha para ver se, em algum sentido adequado, a diferença entre essas geometrais é da ordem do comprimento de Planck. Quando

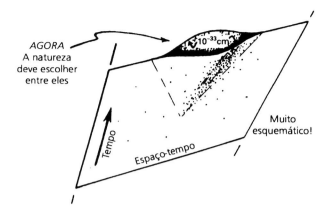

FIGURA 2.19 – Qual é a relevância da escala de Planck, de 10^{-33} cm para a redução quântica de estado? A ideia, *grosso modo*, é: quando existe suficiente movimento de massa entre os dois estados em superposição, de tal forma que os dois espaços-tempos resultantes diferem em algo da ordem de 10^{-33} cm.

as geometrias começam a diferir nessa quantidade, você tem de saber o que fazer e é aí que é melhor mudar as regras. Devo ressaltar que estamos lidando aqui com espaços-tempos e não apenas com espaços. No caso de uma "separação espaçotemporal na escala de Planck", uma pequena separação espacial corresponde a um tempo mais longo; e uma separação espacial maior, a um tempo mais breve. Precisamos de um critério que nos permita avaliar quando dois espaços-tempos diferem significativamente, e isso nos levará a uma *escala de tempo* para a escolha que a Natureza faz entre eles. Assim, meu ponto de vista é de que a Natureza escolhe um ou outro, segundo uma regra que ainda não compreendemos.

Quanto tempo leva a Natureza para fazer essa escolha? Podemos calcular essa escala de tempo em certas situações bem definidas, em que a aproximação newtoniana da teoria de Einstein será suficiente, e em que existe uma diferença claramente definida entre os dois campos gravitacionais que estão sujeitos à superposição

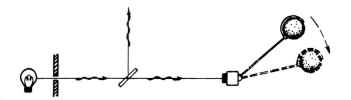

FIGURA 2.20 – Em vez de um gato, a medição poderia consistir no simples movimento de uma massa esférica. Quão grande ou massiva deve ser a massa; quão longe deve ir; por quanto tempo pode a superposição manter-se antes que ocorra **R**?

quântica (sendo as duas amplitudes complexas envolvidas aproximadamente iguais em grandeza).

A resposta que estou sugerindo é a seguinte. Vou substituir o gato por uma massa – o gato teve muito trabalho e merece um descanso. Quão grande é a massa, quão longe deve ir e qual é a escala de tempo resultante para que ocorra o colapso do vetor de estado (Figura 2.20)? Vou considerar a superposição de um estado mais o outro como um estado instável – é mais ou menos como uma partícula que decai ou um núcleo de urânio ou algo parecido, onde ele pode decair em uma coisa ou outra e existe certa escala de tempo associada a esse decaimento. Que ele seja instável é uma hipótese, mas essa instabilidade deve ser uma implicação da física que não compreendemos. Para calcular a escala de tempo, consideremos a energia É necessária para deslocar uma estância da massa do campo gravitacional para outro. Tomamos, então, $\hbar$, a constante de Planck dividida por 2π, e a dividimos por essa energia gravitacional, e esta deve ser a escala de tempo T para o decaimento nessa situação.

$$T = \frac{\hbar}{E}$$

Existem muitos esquemas que seguem esse tipo geral de raciocínio – os esquemas gravitacionais gerais têm todos mais ou menos esse mesmo aspecto, embora possam diferir no pormenor.

Existem outras razões para acreditar que um esquema gravitacional desta natureza possa ser uma boa coisa a considerar. Uma delas é que todos os outros esquemas explícitos para a redução do estado quântico que tentam resolver o problema da medição quântica introduzindo alguns novos fenômenos físicos encontram problemas de conservação de energia. Você pode achar que as regras normais de conservação de energia tendem a ser violadas. Talvez seja esse o caso, de fato. Mas se tomarmos um esquema gravitacional, acho que há uma excelente chance de que possamos evitar completamente esse problema. Embora eu não saiba como fazer isso em pormenor, permitam-me dizer o que tenho em mente.

Na relatividade geral, massa e energia são coisas um tanto estranhas. Em primeiro lugar, massa é igual a energia (dividida pela velocidade da luz ao quadrado), e portanto a energia potencial gravitacional contribui (negativamente) para a massa. Por conseguinte, se tivermos dois objetos longe um do outro, o sistema como um todo terá uma massa ligeiramente maior do que se eles estivessem perto um do outro (Figura 2.21). Embora as densidades de massa-energia (como medidas pelo tensor de energia-momento) só sejam não zero dentro dos próprios objetos, e a quantidade em cada um deles não dependa significativamente da presença do outro objeto, existe uma diferença entre as energias totais nos dois casos ilustrados na Figura 2.21. A energia total é algo não local. Existe, de fato, algo fundamentalmente não local acerca da energia na relatividade geral. Esse é certamente o caso no famoso exemplo do pulsar binário, que mencionei no capítulo 1: ondas gravitacionais retiram energia positiva e massa do sistema, mas essa energia reside não localmente por todo o espaço. A energia gravitacional é uma coisa esquiva. Acho que, se dispuséssemos da maneira certa de combinar a relatividade geral com a mecânica quântica, haveria uma boa chance de contornar as dificuldades relativas a energia que infectam as teorias do colapso do vetor de estado. A questão é que, no estado superposto, temos de levar em conta a contribuição gravitacional para a energia na superposição.

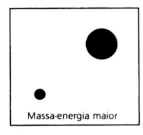 

Massa-energia maior   Massa-energia menor

FIGURA 2.21 – A massa-energia total de um sistema em gravitação implica contribuições puramente gravitacionais que não são localizáveis.

Mas de fato não podemos entender localmente a energia devida à gravidade e, assim, existe uma incerteza básica na energia gravitacional, e essa incerteza é da ordem da energia E aqui descrita. É exatamente o tipo de coisa que se tem com partículas instáveis. Uma partícula instável tem uma incerteza em sua massa-energia que está ligada à vida média através dessa mesma fórmula.

Permitam-me terminar examinando as escalas de tempo explícitas que surgem na abordagem que estou promovendo – voltarei a isso no capítulo 3. Quais são os tempos de decaimento para sistemas em que ocorrem essas superposições espaçotemporais? No caso de um próton (provisoriamente considerado como uma esfera rígida), a escala de tempo é de alguns milhões de anos. Isso é bom, pois sabemos pelas experiências realizadas pelo interferômetro com partículas individuais que não vemos acontecer esse tipo de coisa. Assim, isso é consistente. Se tomarmos uma gotícula d'água com raio, digamos, de 10^{-5} cm, o tempo de decaimento seria de algumas horas; se o raio fosse de um mícron, o tempo de decaimento seria de um vigésimo de segundo e, se de um milésimo de centímetro, levaria cerca de um milionésimo de segundo. Esses números indicam os tipos de escalas nas quais esse tipo de física pode tornar-se importante.

Existe, no entanto, um ingrediente adicional essencial, que devo apresentar aqui. Talvez eu tenha caçoado um pouco do ponto de vista do FAPP, mas um elemento dessa interpretação deve ser levado muito a sério – o meio ambiente. Este é absolutamente vital nessas considerações, e até aqui o ignorei em minha discussão. Portanto, temos de fazer algo muito mais complexo. Temos de considerar não apenas o objeto aqui superposto com o objeto lá, mas também o objeto com o seu meio ambiente superposto com o outro objeto com seu meio ambiente. Temos de estar bastante atentos para ver se o efeito principal está no distúrbio do meio ambiente ou no movimento do objeto. Se estiver no meio ambiente, o efeito será aleatório e não obteremos nada diferente dos procedimentos-padrão. Se o sistema puder ser suficientemente isolado para que o meio ambiente não esteja envolvido, podemos ver algo diferente da mecânica quântica-padrão. Seria muito interessante saber se podem ser sugeridas experiências plausíveis – e conheço várias possibilidades provisórias – que possam testar se esse tipo de esquema é de natureza verídica ou se a mecânica quântica convencional sobrevive mais uma vez e temos realmente de considerar que esses objetos – ou mesmo gatos – devem persistir em tais estados superpostos.

Permitam-me tentar resumir na Figura 2.22 o que vimos tentando fazer. Nessa ilustração, coloquei as várias teorias nos cantos de um cubo distorcido. Os três eixos do cubo correspondem às três mais básicas constantes da física: a constante gravitacional G (eixo horizontal), a velocidade da luz tomada na forma recíproca c^{-1} (eixo diagonal) e a constante de Dirac-Planck $\hbar$ (eixo vertical para baixo). Cada uma dessas constantes é minúscula em termos ordinários e pode ser tomada como zero numa boa aproximação. Se tomarmos todas elas como zero, temos o que chamo de física galileana (no alto à esquerda). Incluir uma constante gravitacional não zero move-nos horizontalmente para a teoria gravitacional newtoniana (cuja formulação geométrica espaçotemporal foi dada mais tarde por Cartan). Se, porém, admitirmos que c^{-1} não é zero, temos a teoria de Poincaré-Einstein-Minkowski da relatividade restrita. O "quadrado" de cima de nosso cubo distorcido é completado se admitirmos que ambas as constantes sejam não zero, e obtém-se a teoria geral da relatividade de Einstein. No entanto,

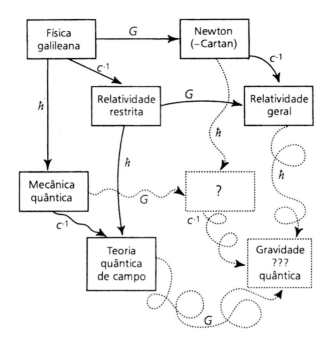

FIGURA 2.22.

esta generalização não é de modo algum simples – e ilustrei esse fato na Figura 2.22 pelas distorções no quadrado mais alto. Permitindo que $\hbar$ seja não zero mas, por enquanto, voltando a $G = c^{-1}$, obtemos a mecânica quântica-padrão. Por uma generalização não completamente direta, c^{-1} pode também ser incorporado e com isso se obtém a teoria quântica de campo. Isso completa a face esquerda do cubo, indicando as leves distorções que o processo não foi direto.

Poder-se-ia pensar que tudo o que temos de fazer agora é completar o cubo e teríamos o quadro completo. No entanto, acontece que os princípios da física gravitacional estão em fundamental conflito com os da mecânica quântica. Isso fica claro até mesmo com a gravidade newtoniana (onde conservamos $c^{-1} = 0$) quando usamos o adequado quadro geométrico (Cartan), em que é usado o *princípio de equivalência de Einstein* (segundo o qual os campos gravitacionais constantes são indistinguíveis das acelerações). Isso me foi mostrado por Joy Christian, que também forneceu a inspiração para a minha Figura 2.22. Até agora, não apareceu nenhuma união adequada entre a mecânica quântica e a gravidade newtoniana – que leve plenamente em conta o princípio de equivalência de Einstein, corno dado na teoria clássica pela geometria de Cartan. Na minha clara opinião, essa união teria de abrigar o fenômeno da *redução do estado quântico – grosso modo*, na linha das ideias **OR** delineadas anteriormente neste capítulo. Tal união estaria claramente muito longe da simplicidade da feitura da face de trás do cubo da Figura 2.22. A teoria completa, incluindo todas as três constantes, $\hbar$, G e c^{-1}, em que o "cubo" inteiro estaria completo, teria de ser algo ainda mais sutil e matematicamente sofisticado. Isso é claramente um problema para o futuro.

3
A FÍSICA E A MENTE

Os primeiros dois capítulos trataram do mundo físico e das regras matemáticas que usamos para descrevê-lo, de quão notavelmente exatas elas são e de quão estranhas elas às vezes parecem ser. Neste terceiro capítulo, falarei sobre o *mundo mental* e, em particular, de como ele está ligado ao mundo físico. Suponho que o bispo Berkeley houvesse pensado, em certo sentido, que o mundo físico emerge de nosso mundo mental, ao passo que o ponto de vista científico mais habitual é de que, de algum modo, a mente é um aspecto de algum tipo de estrutura física.

Popper introduziu um terceiro mundo, chamado *Mundo da Cultura* (Figura 3.1). Ele via esse mundo como um produto da mente e tinha, assim, uma hierarquia de mundos, como ilustra a Figura 3.2. Nessa ilustração, o mundo mental está, de certa maneira, ligado ao (emerge do?) mundo físico e, de algum modo, a cultura nasce da mente.

Agora, quero olhar para as coisas de um modo um pouco diferente. Em vez de pensar, como Popper, a cultura como algo que nasce da mente, prefiro acreditar que os mundos estão ligados como mostra a Figura 3.3. Além disso, meu "Mundo III" não é realmente

FIGURA 3.1 – "Mundo III" de Karl Popper.

o Mundo da Cultura, mas sim o mundo dos absolutos platônicos – em particular, da verdade matemática absoluta. Assim, o arranjo da Figura 1.3, que ilustra a profunda dependência do mundo físico em relação a leis matemáticas precisas, e incorporado em nossa figura.

Grande parte deste capítulo tratará da relação entre todos esses diferentes mundos. Acho que existe um problema fundamental com a ideia de que a mentalidade nasça da fisicalidade isso é algo com que os filósofos se preocupam, por muito boas razões. As coisas de que falamos na física são matéria, coisas físicas, objetos massivos, partículas, espaço, tempo, energia etc. Como poderiam os nossos sentimentos, a nossa percepção do vermelho ou da felicidade ter algo a ver com a física? Vejo isso como um mistério. Podemos considerar as setas que ligam os diferentes mundos na Figura 3.3 como mistérios. Nos primeiros dois capítulos, discuti a relação entre a matemática e a física (Mistério 1).

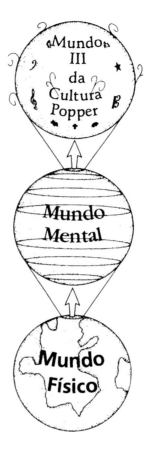

FIGURA 3.2.

Mencionei as observações de Wigner acerca dessa relação. Ele a considerava muito extraordinária, e eu também. Por que é que o mundo físico parece obedecer a leis matemáticas de maneira tão extremamente precisa? Não só isso, mas a matemática que parece controlar o nosso mundo físico é excepcionalmente fértil e poderosa, simplesmente *como* matemática. Considero essa relação um profundo mistério.

Neste capítulo, examinarei o Mistério 2: o mistério da relação do mundo físico com o mundo da mente. Mas, relacionado a isso, também teremos de examinar o Mistério 3: o que subjaz à nossa capacidade de ter acesso à verdade matemática? Quando me referi ao mundo platônico nos primeiros dois capítulos, estava falando primordialmente de matemática e dos conceitos matemáticos que temos de usar para descrever o mundo físico. Temos a sensação de que a matemática necessária para descrever essas coisas está ali. Há também, no entanto, a sensação comum de que essas construções matemáticas são produtos de nossa capacidade mental, ou seja, de que a matemática é um produto da mente humana. Podemos ver as coisas dessa maneira, mas na realidade não é essa a maneira como os matemáticos encaram a verdade matemática, nem tampouco é a minha maneira de encará-la. Portanto, embora exista uma seta que liga o mundo mental ao mundo platônico, não tenho a intenção de indicar que isso, ou qualquer dessas setas, implique que algum desses mundos simplesmente emerja de algum dos outros. Embora possa haver certo sentido em que eles emerjam, as setas simplesmente tencionam representar o fato de que existe uma relação entre os diferentes mundos.

Mais importante é o fato de que a Figura 3.3 representa três preconceitos meus. Um deles é de que todo o mundo físico pode, em princípio, ser descrito em termos de matemática. Não estou dizendo que toda a matemática possa ser usada para descrever física. O que estou dizendo é que, se escolhermos as partes certas da matemática, elas descrevem o mundo físico de modo muito acurado, e portanto o mundo físico se comporta em conformidade com a matemática. Assim, existe uma pequena parte do mundo platônico que abrange o nosso mundo físico. Da mesma forma, tampouco estou dizendo que tudo no mundo físico tenha capacidade mental. Estou de preferência sugerindo que não existem flutuando por aí objetos mentais que não se baseiam na fisicalidade. Esse é o meu segundo preconceito. Há um terceiro preconceito, o de que, em nosso entendimento da matemática, pelo menos em princípio, todo item individual do mundo platônico é acessível à nossa mente, em certo sentido. Algumas pessoas podem perturbar-se com esse terceiro preconceito – de fato, elas podem pertur-

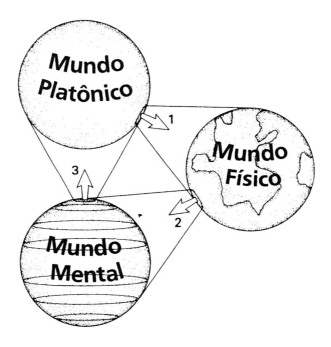

FIGURA 3.3 – Três Mundos e três Mistérios.

bar-se com todos os três. Devo dizer que só depois de ter desenhado esse diagrama é que percebi que ele refletia esses três preconceitos meus. Voltarei a esse diagrama no final do capítulo.

Permitam-me agora dizer algo acerca da *consciência humana*. Em particular, será que essa é uma questão em que devemos pensar em termos de explicação científica? O meu ponto de vista é de que devemos, sim. Em particular, levo muito a sério a flecha que une o mundo físico ao mundo mental. Em outras palavras, temos o desafio de entender o mundo mental nos termos do mundo físico.

Resumi algumas características dos mundos físico e mental na Figura 3.4. No lado direito, temos aspectos do *mundo físico* – ele é visto como governado por precisas leis matemáticas físicas, como discutimos nos primeiros dois capítulos. No lado esquerdo, temos a consciência, que pertence ao *mundo mental*, e palavras como "alma", "espírito", "religião" etc. são usadas com frequência. Hoje em dia, as pessoas preferem explicações científicas para as coisas. Além disso, tendem a pensar que podemos, em princípio, colocar qualquer descrição científica num computador; por conseguinte, se tivermos uma descrição matemática de algo, devemos, em princípio, ser capazes de pô-la num computador. Isso é algo *contra o qual argumentarei energicamente* neste capítulo, apesar de meu viés fisicista.

Os termos usados para descrever as leis físicas na Figura 3.4 são *preditivo, calculacional* – eles têm a ver com a questão de se temos ou não *determinismo* em nossas leis físicas e se podemos ou não usar um computador para simular a ação dessas leis. De outro modo, existe a ideia de que as coisas mentais, como emoção, estética, criatividade, inspiração e arte são exemplos de coisas que seria difícil ver emergirem de algum tipo de descrição calculacional. No outro extremo "científico", diriam algumas pessoas: "Somos apenas computadores; pode ser que ainda não saibamos como descrever essas coisas mas, de algum modo, se soubéssemos o tipo certo de computações a realizar, seríamos capazes de descrever todas as coisas mentais enumeradas na Figura 3.4. A palavra *emergência* é muitas vezes usada para descrever esse processo. Essas qualidades "emergem", segundo essas pessoas, como um resultado do tipo certo de atividade computacional.

Que é *consciência*? Bem, não sei como defini-la. Acho que esse não é o momento de tentar definir consciência, uma vez que não sabemos o que ela seja. Creio que seja um conceito fisicamente acessível; no entanto, defini-la seria provavelmente definir a coisa errada. No entanto, vou defini-la, em certa medida. Acho que existem pelo menos dois diferentes aspectos da consciência. Por um lado, existem manifestações *passivas* de consciência, que implicam *receptividade* [awareness]. Uso essa categoria para incluir coisas como percepções de cor, de harmônicos, o uso da memória, e assim por diante. De outro modo, existem suas manifestações *ativas*, que implicam conceitos como livre-arbítrio e a realização de ações sob nosso

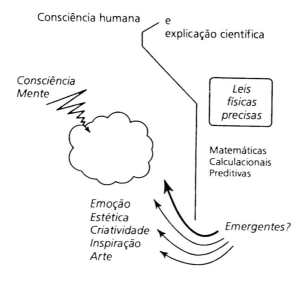

FIGURA 3.4.

livre-arbítrio. O uso desses termos reflete diferentes aspectos de nossa consciência.

Vou concentrar-me aqui principalmente em outra coisa que envolve a consciência de maneira essencial. É diferente tanto do aspecto passivo quanto do aspecto ativo da consciência, e talvez seja algo intermediário. Refiro-me ao uso do termo *entendimento*, ou talvez *intuição* [*insight*], que muitas vezes é uma palavra melhor. Também não vou definir esses termos – não sei o que querem dizer. Existem outras duas palavras que não entendo – *receptividade* e *inteligência*. Bem, por que estou falando sobre coisas que não sei o que significam realmente? Provavelmente porque sou um matemático e os matemáticos não se preocupam muito com esse tipo de coisa. Não necessitam de definições precisas das coisas de que estão falando, contanto que possam falar algo acerca das *conexões* entre elas. O primeiro ponto-chave aqui é que me parece que a inteligência seja algo que requer entendimento. Usar o termo inteligência num contexto em que negamos que qualquer entendimento esteja presente me parece insensato. Da mesma forma, entendimento sem nenhuma receptividade também é um pouco absurdo. Esse é o segundo ponto-chave. Assim, isso significa que a inteligência requer a receptividade. Embora não esteja definindo nenhum desses termos, acho que é razoável insistir nessas relações entre eles.

Existem vários pontos de vista que podemos assumir acerca da relação entre o pensamento consciente e a computação. Resumi no Quadro 3.1 quatro abordagens da receptividade, que rotulei como **A**, **B**, **C** e **D**.

O ponto de vista que chamo de **A**, que por vezes é chamado *inteligência artificial forte* (IA forte) ou *funcionalismo* (computacional), afirma que todo pensamento é simplesmente a execução de uma computação e, portanto, se executarmos as computações adequadas, resultará alguma ciência.

Rotulei o segundo ponto de vista como **B** e, segundo ele, poderíamos, em princípio, simular a ação de um cérebro, quando seu dono tem ciência [*is aware*] de algo. A diferença entre **A** e **B** é que, embora essa atividade possa ser simulada, a mera simulação não teria por si mesma, de acordo com **B**, nenhum sentimento ou nenhuma ciência existe algo mais acontecendo, que talvez tenha a ver com a construção física do objeto. Assim, um cérebro feito de neurônios e quetais poderia estar ciente, ao passo que uma simulação desse mesmo cérebro não estaria ciente. Esse é, até onde consigo entender, o ponto de vista defendido por John Searle.

Em seguida, há o meu ponto de vista, que chamei de **C**. Segundo esta perspectiva, em concordância com **B**, existe algo na ação física do cérebro que evoca receptividade – em outras palavras, é a algo na física que temos de apelar, mas essa ação física é algo que nem sequer pode ser simulado computacionalmente. Não existe simulação que possa executar essa ação. Isso implica que deve haver algo na ação física do cérebro que esteja além da computação.

QUADRO 3.1

A Todo pensamento é computação; em particular, sentimentos de receptividade consciente são evocados simplesmente pela execução de computações adequadas.

B A receptividade é uma característica da ação física do cérebro; enquanto qualquer ação física pode ser simulada computacionalmente, a simulação computacional não pode por si mesma evocar receptividade.

C A adequada ação física do cérebro evoca receptividade, mas essa ação física não pode sequer ser corretamente simulada computacionalmente.

D A receptividade não pode ser explicada nem em termos físicos, nem em termos computacionais, nem por quaisquer outros termos científicos.

Finalmente, existe ainda o ponto de vista **D**, segundo o qual é um erro encarar essas questões em termos de ciência. Talvez a receptividade não possa ser explicada em termos científicos.

Sou um ardente defensor do ponto de vista **C**. Existem, no entanto, diversas variedades de **C**. Existe o que pode ser chamado de **C fraco** e de **C forte**. **C fraco** é o ponto de vista de que, de algum modo, na física conhecida, só precisaríamos prestar bastante atenção para encontrarmos certos tipos de ação que estão além da computação. Quando digo "além da computação", tenho de ser um pouco mais explícito, como serei um pouco mais adiante. Segundo o **C fraco**, não há nada fora da física conhecida que tenhamos de procurar para encontrar a ação não computacional adequada. Em compensação, **C forte** exige que deva haver algo fora da física conhecida; o nosso entendimento físico é inadequado para a descrição da receptividade. Ele é incompleto e, como vocês devem ter deduzido do capítulo 2, eu de fato acredito que a nossa representação física está incompleta, como indiquei na Figura 2.17. Do ponto de vista de **C forte**, talvez a ciência futura venha a explicar a natureza da consciência, mas a ciência de hoje em dia não o faz.

Incluí algumas palavras na Figura 2.17 que não comentei no momento, em particular a palavra *computável*. Da perspectiva-padrão, temos basicamente uma física computável no nível quântico, e o nível clássico provavelmente é computável, embora existam questões técnicas acerca de como se passa de sistemas discretos computáveis a sistemas contínuos. Esse é um ponto importante, mas permitam-me não me preocupar com ele aqui. Na realidade, acho que os defensores de **C fraco** teriam de descobrir algo nessas incertezas, algo que não pode ser explicado em termos de uma descrição computável.

Para passar do nível quântico ao nível clássico da perspectiva tradicional, introduzimos o procedimento que chamei de **R**, o qual é uma ação inteiramente probabilística. O que temos, então, é computabilidade juntamente com aleatoriedade. Vou argumentar que isso não é suficiente – precisamos de algo diferente e essa nova teoria, que une esses dois níveis, tem de ser uma teoria não computável. Em breve falarei algo mais acerca do que quero dizer com o termo.

Assim, esta é a minha versão de **C forte**: procuramos a não computabilidade na física que una o nível quântico ao nível clássico. Trata-se de uma tarefa muito difícil. Estou dizendo que precisamos não apenas de uma nova física, mas também de uma nova física que seja relevante para a ação do cérebro.

Antes de mais nada, coloquemos a questão de se é ou não plausível que haja algo além do cálculo em nosso entendimento. Permitam-me dar-lhes um exemplo muito bom de um problema simples de xadrez. Hoje em dia, os computadores jogam xadrez muito bem. No entanto, quando o problema de xadrez mostrado na Figura 3.5 foi apresentado ao mais poderoso computador disponível agora, o Deep Thought, ele fez uma coisa muito estúpida. Nessa posição, as brancas estão muito atrás das negras – estas possuem duas torres e um bispo a mais. Isso deveria ser uma enorme vantagem, se não fosse o fato de que existe uma barreira de peões, que bloqueia totalmente as peças negras. Assim, tudo o que as brancas têm de fazer é ficar passeando por trás dessa barreira de peões bran-

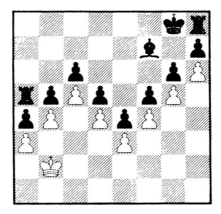

FIGURA 3.5 – As brancas jogam e empatam – fácil para seres humanos, mas Deep Thought tomou a torre! (Problema de William Hartston, tomado de um artigo de Jane Seymore e David Norwood in *New Scientist*, n.1889, p.23, 1993)

cos e assim não poderão perder o jogo. No entanto, quando a posição foi apresentada a Deep Thought, ele imediatamente tomou a torre negra, abriu a barreira de peões e obteve uma posição inevitavelmente perdedora. A razão pela qual ele fez isso é que fora programado para computar jogada após jogada, após jogada, após jogada... até certa profundidade, e então contar as peças, ou algo assim. Nesse caso, isso não era suficiente. Evidentemente, se ele fosse adiante, computando jogada após jogada mais algumas vezes, poderia ter sido capaz de acertar. O ponto é que o xadrez é um jogo computacional. Nesse caso, o jogador humano vê a barreira de peões e entende que ela é impenetrável. O computador não teve essa compreensão – ele simplesmente computou uma jogada depois da outra. Assim, esse exemplo é uma ilustração da diferença entre a mera computação e a qualidade de entendimento.

Eis aqui outro exemplo (Figura 3.6). Sente-se uma grande tentação de tomar a torre negra com o bispo branco, mas o correto é fingir que o bispo é um peão e usá-lo para criar outra barreira de peões. Uma vez que ensinamos o computador a reconhecer as bar-

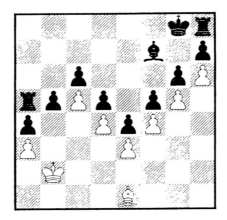

FIGURA 3.6 – As brancas jogam e empatam – mais uma vez, bem fácil para seres humanos, mas um computador normal, especialista em xadrez, tomará a torre (de um teste de Turing, de autoria de William Hartston e David Norwood).

reiras de peões, ele poderia ser capaz de resolver o primeiro problema mas falharia rio segundo, pois precisa de um nível extra de compreensão. No entanto, poder-se-ia pensar que, com bastante atenção, seria possível programar todos os níveis possíveis de compreensão. Pois bem, talvez isso seja possível com o xadrez. O problema é que o xadrez é um jogo computacional e, assim, em última instância, seria possível computar cada possibilidade até o fim, com um computador suficientemente poderoso. Isso fica muito longe da capacidade dos computadores atuais, mas em princípio seria possível. No entanto, tem-se a sensação de que há algo a mais ocorrendo com o "entendimento", além de computação direta. Por certo, a nossa maneira de abordar esses problemas enxadrísticos é muito diferente da usada por um computador.

Podemos elaborar um argumento mais forte de que de fato exista algo em nosso entendimento que é diferente da computação? Bem, podemos. Não quero gastar muito tempo com esse argumento, embora ele seja realmente a pedra fundamental da discussão inteira. Mas tenho de gastar certo tempo com ele, mesmo que o argumento possa tornar-se um tanto técnico. As primeiras duzentas páginas de *Shadows of the Mind* [*Sombras da mente*] foram dedicadas a uma tentativa de mostrar que não existem falhas no argumento que vou apresentar-lhes.

Permitam-me dizer algo acerca de *computações*. Computações são o que um computador faz. Os computadores reais têm uma quantidade limitada de capacidade de memória, mas vou examinar um computador idealizado, chamado *máquina de Turing*, que difere de um computador comum de destinação geral apenas pelo fato de ter uma quantidade ilimitada de espaço de memória e de poder continuar computando para sempre, sem cometer nenhum erro e sem sequer se esgotar. Vou dar um exemplo de computação. Uma computação não precisa envolver apenas matemática, mas pode também implicar a execução de operações lógicas. Eis aqui um exemplo:

- *Encontrar um número que não seja a soma de três números ao quadrado.*

Por um número, entendo um *número natural* tal como 0, 1, 2, 3, 4, 5,... por "número ao quadrado" entendo os números 0^2, 1^2, 2^2, 3^2, 4^2, 5^2,... Eis aqui como poderíamos fazer isso – é um jeito um tanto estúpido de fazê-lo na prática, mas ilustra o que entendemos por computação. Começamos com 0 e testamos se ele é a soma de três números ao quadrado. Verificamos todos os quadrados que são menores ou iguais a 0 e há somente 0^2. Portanto, só podemos tentar

$$0 = 0^2 + 0^2 + 0^2$$

que é verdadeiro, e portanto 0 é a soma de três quadrados. Em seguida, tentamos 1. Escrevemos embaixo todas as maneiras possíveis de adicionar todos os números cujos quadrados sejam menores ou iguais a um, e vemos se podemos somar três deles para termos 1. Pois bem, podemos tentar:

$$1 = 0^2 + 0^2 + 1^2$$

QUADRO 32

Tentativa 0	quadrados ≥ 0 são	0^2	$0 = 0^2 + 0^2 + 0^2$
Tentativa 1	quadrados ≥ 1 são	$0^2, 1^2$	$1 = 0^2 + 0^2 + 1^2$
Tentativa 2	quadrados ≥ 2 são	$0^2, 1^2$	$2 = 0^2 + 1^2 + 1^2$
Tentativa 3	quadrados ≥ 3 são	$0^2, 1^2$	$3 = 1^2 + 1^2 + 1^2$
Tentativa 4	quadrados ≥ 4 são	$0^2, 1^2, 2^2$	$4 = 0^2 + 0^2 + 2^2$
Tentativa 5	quadrados ≥ 5 são	$0^2, 1^2, 2^2$	$5 = 0^2 + 1^2 + 2^2$
Tentativa 6	quadrados ≥ 6 são	$0^2, 1^2, 2^2$	$6 = 1^2 + 1^2 + 2^2$
Tentativa 7	quadrados ≥ 7 são	$0^2, 1^2, 2^2$	$7 \neq 0^2 + 0^2 + 0^2$
			$7 \neq 0^2 + 0^2 + 1^2$
			$7 \neq 0^2 + 0^2 + 2^2$
			$7 \neq 0^2 + 1^2 + 1^2$
			$7 \neq 0^2 + 1^2 + 2^2$
			$7 \neq 0^2 + 2^2 + 2^2$
			$7 \neq 1^2 + 1^2 + 1^2$
			$7 \neq 1^2 + 1^2 + 2^2$
			$7 \neq 1^2 + 2^2 + 2^2$
			$7 \neq 2^2 + 2^2 + 2^2$

Podemos prosseguir tediosamente assim, como indicado no Quadro 3.2, até chegarmos ao número 7, quando podemos ver que não existe nenhuma maneira de adicionar três quadrados de 0^2, 1^2 e 2^2 em nenhuma combinação para chegar ao número 7 – todas as possibilidades são mostradas no quadro. Assim, a resposta é 7 – o menor número que não é a soma de três números ao quadrado. Esse é um exemplo de computação.

Neste exemplo, tivemos sorte, pois a computação chegou a um fim, ao passo que existem certas computações que na realidade não terminam nunca. Por exemplo, suponhamos que eu mude ligeiramente o problema:

- *Encontre um número que não seja a soma de quatro números ao quadrado.*

Existe um famoso teorema de autoria do matemático Lagrange, do século XVIII, que provou que todo número pode ser expresso como a soma de quatro quadrados. Assim, basta entrarmos numa maneira insensata de encontrar tal número, que o computador simplesmente vai ficar trabalhando para sempre, sem nunca achar uma resposta. Isso ilustra o fato de que há realmente algumas computações que não terminam.

O teorema de Lagrange é muito complicado de provar e por isso eis aqui um outro mais fácil, que espero todos possam apreciar:

- *Achar um número ímpar que sela a soma de dois números pares.*

Podemos pôr o computador para fazer isso e ele iria seguir em frente para sempre, pois sabemos que, quando adicionamos dois números pares, sempre obtemos um número par.

Eis aqui um exemplo mais complicado, de uma outra maneira:

- *Encontre um número par maior do que 2, que não seja a soma e dois primos.*

Será que essa computação termina? Geralmente acredita-se que não, mas isso não passa de uma conjectura, conhecida como conjectura de Goldbach, e é tão difícil que ninguém sabe com certeza se é ou não falsa. Assim, temos aqui (provavelmente) três cálculos intermináveis, um fácil, um difícil e um terceiro que é tão difícil que ninguém sabe se realmente termina ou não.

Coloquemos agora a questão:

- Estão os matemáticos usando algum algoritmo (digamos, A) para se convencerem a si mesmos de que certas computações não terminam?

Por exemplo, dispunha Lagrange de algum tipo de programa de computador na cabeça que, em última instância, o tenha conduzido à conclusão de que todo número é a sorna de quatro quadrados? Você nem mesmo precisa ser Lagrange – simplesmente tem de ser alguém que pode acompanhar o argumento de Lagrange. Note-se que não estou preocupado com a questão da originalidade, mas apenas com a questão do entendimento. Foi por isso que expressei a questão na maneira acima – "convencerem-se a si mesmos" significa criar entendimento.

O termo técnico para uma sentença do tipo dessas que acabamos de examinar é que se trata de uma *sentença* P_1. Uma *sentença* P_1 é uma asserção de que alguma computação específica não termina. Para avaliarmos o argumento seguinte, só precisamos pensar sobre sentenças dessa natureza. Quero convencer vocês de que tal algoritmo *A* não existe.

Para tanto, preciso generalizar um pouco. Tenho de falar sobre computações que dependem de um número natural *n*. Eis aqui alguns exemplos:

- *Descubra um número natural que não seja a soma de n números ao quadrado.*

Vimos pelo teorema de Lagrange que, se *n* for quatro ou mais, não há fim. Mas, se *n* for até três, então há fim. A computação seguinte é:

- *Encontre um número ímpar que seja a soma de n números pares.*

Bem, não importa o que *n* seja – isso não vai ajudá-lo em nada. O cálculo não termina para qualquer valor que seja de *n*. Para a extensão da conjectura de Goldbach, temos:

- *Encontre um número par maior do que 2, que não seja a soma de até n números primos.*

Se a conjectura de Goldbach for verdadeira, essa computação não vai parar para nenhum *n* (que não seja 0 e 1). Em certo sentido, quanto maior for *n*, mais fácil é. Na realidade, creio que existe um valor de *n* bastante grande pelo qual se sabe realmente que a computação é "interminável".

O ponto importante é que esses tipos de computação dependem do número natural n. Com efeito, isso é central para o famoso argumento conhecido como o *argumento de Gödel*. Discuti-lo-ei sob uma forma de autoria de Alan Turing, mas usarei esse argumento de uma maneira um pouco diferente da usada por ele. Se você não gosta de argumentos matemáticos, pode desligar por um momento. O resultado é que é importante. Mas, de qualquer forma, o argumento não é muito complicado – só confuso!

As computações que agem sobre um número n são basicamente programas de computador. Podemos fazer uma lista de programas de computador e atribuir um número, digamos p, a cada um deles. Assim, alimentamos nosso computador de uso geral com um numero p e ele começa a trabalhar, executando essa *"p-ésima"* computação enquanto aplicada a qualquer número n que tenhamos escolhido. O número p é grafado como um sufixo em nossa notação. Assim, enumero esses programas de computação, ou computações, que agem sobre o número n, um após outro.

$$C_0(n), C_1(n), C_2(n), C_3(n), \ldots C_p(n), \ldots$$

Vamos supor que esta seja uma lista de *todas* as possíveis computações $C_p(n)$ e que possamos descobrir um jeito efetivo de ordenar esses programas de computador, de modo que o número p rotule o p-ésimo programa aplicado ao número natural n.

Pois bem, suponhamos que dispomos de um procedimento computacional ou algorítmico A que possa agir sobre um par de números (p, n), e quando esse procedimento chega a um fim, fornece-nos uma demonstração válida de que a computação $C_p(n)$ não tem fim. A não vai necessariamente funcionar sempre, no sentido de que pode haver algumas computações $C_p(n)$ que sejam intermináveis ao passo que $A(p, n)$ não termina. Mas quero insistir no fato de que A realmente não comete erros e, portanto, se $A(p, n)$ não tem fim, $C_p(n)$ na realidade tampouco o tem. Tentemos imaginar que os matemáticos humanos agem de acordo com um procedimento computacional A quando formulam (ou seguem) alguma demonstração matemática rigorosa de uma proposição matemática (digamos, de uma sentença Π_1). Suponhamos que eles também possam *saber* o que A seja e que eles *acreditem* que esse seja um procedimento sólido. Vamos tentar imaginar que A inclua *todos* os procedimentos disponíveis aos matemáticos humanos para demonstrar de modo convincente que as computações não têm fim. O procedimento A tem início considerando-se a letra p, a fim de escolher o programa de computador e então considerando-se o número n, para descobrir sobre que número deve atuar. Então, se o procedimento computacional A chegar a um fim, isso implica que a computação $C_p(n)$ não tem fim. Assim,

se A (p, n) para, então $C_p(n)$ não para. (1)

Esta é a função de A – fornece a maneira inexpugnável de convencer-nos de que determinadas computações não têm fim.

Suponhamos agora que colocamos $p = n$. Isso pode parecer algo estranho de fazer. Trata-se do famoso procedimento conhecido como *procedimento diagonal de Cantor* e não há nada errado em fazer uso dele. Então, chegamos à conclusão de que

se A (n, n) para, então $C_n(n)$ não para.

Mas agora, A (n, n) só depende de um número, e assim A (n, n) deve ser um dos programas de computador $C_p(n)$ pois essa lista é exaustiva para computações que atuam sobre uma única variável n. Suponhamos que o programa de computador que é idêntico a A (n, n) esteja rotulado como k. Então,

$$A(n, n) = C_k(k).$$

Agora, colocamos $n = k$ e temos que

$$A(k, k) = C_k(k).$$

Então, voltamo-nos para a sentença (1) e concluímos que

Se A (k, k) para, então $C_k(k)$ não para.

Mas $A(k, k)$ é o mesmo que $C_k(k)$. Portanto, se $C_k(k)$ para, ele não para. Isso significa que ele não para. Isso é lógica claríssima. Mas aqui está o ponto – essa computação particular não para, e se acreditarmos em A, teremos de acreditar também que $C_k(k)$ não para. Mas A também não para, e portanto ele não "sabe" que $C_k(k)$ não para. Logo, o procedimento computacional não pode, afinal, incluir a totalidade do raciocínio matemático para se decidir que certas computações não param – ou seja, para se estabelecer a verdade de sentenças Π_1. É isso o essencial do argumento de Gödel-Turing, sob a forma de que preciso.

Pode-se questionar o alcance desse argumento. O que ele diz claramente é que a intuição matemática não pode ser codificada sob a forma de alguma computação que *saibamos estar correta*. Às vezes as pessoas discutem isso, mas acho que esta é a sua clara implicação. É interessante ler o que Turing e Gödel disseram sobre esse resultado. Eis a declaração de Turing:

> Em outras palavras, se se espera que uma máquina seja infalível, ela não pode ser também inteligente. Existem vários teoremas que dizem quase exatamente isso. Mas esses teoremas nada dizem sobre quanta inteligência possa apresentar-se se uma máquina não tiver pretensões de infalibilidade.

Sua ideia, portanto, era que argumentos de tipo Gödel-Turing podem ser reconciliados com a ideia de que os matemáticos são essencialmente computadores se os procedimentos algorítmicos de acordo com os quais eles atuam, a fim de descobrir a verdade matemática, forem basicamente *frouxos*. Podemos limitar a atenção a sentenças aritméticas, por exemplo a sentenças Π_1, que formam um tipo bem restrito de sentenças. Creio que Turing julgava, na realidade, que a mente humana faz uso de algoritmos, mas que esses algoritmos são errôneos – ou seja, são de fato frouxos. Considero esse ponto de vista um tanto implausível, especialmente porque não estamos aqui preocupados com a questão de como se possa ter inspiração, mas simplesmente com a questão de como se possa seguir um argumento e entendê-lo. Acho que a posição de Turing não é muito plausível. Segundo o meu esquema, Turing teria sido uma pessoa **A**.

Vejamos o que disse Gödel. Em meu esquema, ele era uma pessoa **D**. Assim, muito embora Turing e Gödel tivessem a mesma evidência diante dos olhos, chegaram a conclusões essencialmente opostas. No entanto, embora Gödel realmente não acreditasse que a intuição matemática pudesse ser reduzida à computação, não foi capaz de eliminar essa possibilidade de modo rigoroso. Eis aqui o que disse Gödel:

> Por outro lado, com base no que foi provado até aqui, permanece possível que possa existir (e até mesmo ser empiricamente descoberta) uma máquina de provar teoremas que na realidade seja equivalente à intuição matemática, mas não pode ser *provado* que ela seja tal, nem tampouco se pode provar que ela produza somente teoremas *corretos* da teoria do número finitário.

O seu argumento dizia que existe uma "escapatória" no uso direto do argumento de Gödel-Turing como uma refutação do computacionalismo (ou funcionalismo), ou seja, que os matemáticos podem estar usando um procedimento algorítmico válido, mas que não se pode saber com certeza que ele seja válido. Assim, era a parte *conhecível* que Gödel considerava uma escapatória e a parte *válida* que Turing ressaltava.

A minha interpretação é que provavelmente nenhuma delas é a solução do argumento. O que o teorema de Gödel-Turing diz é que se se verificar que algum procedimento algorítmico (para provar sentenças Π_1) é válido, pode-se imediatamente mostrar algo que esteja fora dele. Pode ser que estejamos usando um procedimento algorítmico que não podemos saber se é válido, e pode haver algum tipo de dispositivo de aprendizado que nos permita desenvolver essa faculdade. Essas questões, e muitas outras, são examinadas *ad nauseam* em meu livro *Shadows of the Mind*. Não quero entrar aqui nessas ramificações. Limitar-me-ei a mencionar dois pontos.

Como poderia esse suposto algoritmo ter surgido? No caso dos seres humanos, provavelmente teria de ter acontecido pela se-

O GRANDE, O PEQUENO E A MENTE HUMANA 125

FIGURA 3.7 – Para os nossos antepassados remotos, uma habilidade específica de fazer matemática refinada dificilmente era uma vantagem seletiva, mas uma habilidade geral de *entendimento* podia muito bem tê-lo sido.

leção natural, ou, no caso de robôs, deveria ter sido criado por construção deliberada de IA (inteligência artificial). Não vou entrar no pormenor desses argumentos, mas simplesmente ilustrá-los com duas charges de meu livro.

A primeira charge tem a ver com a *seleção natural* (Figura 3.7). Vemos o matemático, que não está numa posição muito feliz do ponto de vista da seleção natural, pois vemos que há um tigre de dente de sabre pronto para saltar sobre ele. Em contrapartida, seus primos na outra parte da charge estão caçando mamutes, construindo casas, cultivando a terra etc. Essas coisas implicam entendimento, mas não são específicas à matemática. Assim, a qualidade de entendimento poderia ser aquilo pelo qual fomos selecionados, mas algoritmos específicos para fazer matemática realmente não o poderiam ser.

A outra charge está ligada à *construção deliberada de IA* e há em meu livro uma historinha sobre um especialista em IA, do futuro, tendo uma discussão com o robô (Figura 3.8). O argumento completo apresentado no livro é um tanto longo e complicado – não

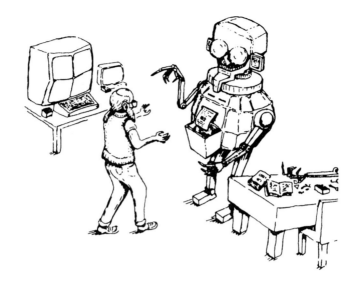

FIGURA 3.8 – O imperador Albert enfrenta o Sistema Cibernético Matematicamente Justificado. Em *Shadows of the Mind*, as primeiras duzentas páginas são dedicadas à resolução das críticas sobre o uso do argumento de Gödel-Turing. A essência desses novos argumentos está no diálogo entre o sujeito da IA (Inteligência Artificial) e seu robô.

acho realmente necessário apresentá-lo inteiro aqui. Meu uso original do argumento de Gödel-Turing havia sido atacado por todo tipo de gente, de todos os ângulos, e todos esses diferentes pontos tinham de ser resolvidos. Tentei concentrar a maior parte desses novos argumentos que são apresentados em *Shadows* na discussão que o especialista em IA tem com o seu robô.

Voltemos à questão do que está acontecendo. O argumento de Gödel diz respeito a sentenças particulares sobre números. O que Gödel nos diz é que nenhum sistema de regras computacionais pode caracterizar as propriedades dos *números naturais*. Apesar do fato de que não há uma maneira computacional de caracterizar os números naturais, qualquer criança sabe o que eles são. Tudo o que fazemos é mostrar à criança diferentes números de objetos, como ilustra a Figura 3.9, e depois de algum tempo elas conse-

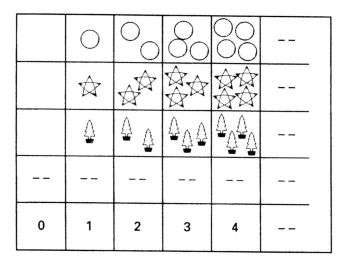

FIGURA 3.9 – A noção platônica de um número natural pode ser abstraída por uma criança, a partir de alguns exemplos simples.

guem abstrair a noção de número natural desses seus casos particulares. Não damos à criança um conjunto de regras computacionais – o que fazemos é permitir que a criança "entenda" o que são os números naturais. Eu diria que a criança é capaz de fazer uma espécie de "contato" com o mundo platônico da matemática. Algumas pessoas não gostam dessa maneira de falar sobre a intuição matemática, mas acho que temos de assumir um tipo de perspectiva dessa natureza acerca do que está ocorrendo. De algum modo, os números naturais já estão "aí", existindo em algum lugar do mundo platônico, e temos acesso a esse mundo através de nossa capacidade de ter ciência das coisas. Se fôssemos apenas computadores sem mente, não teríamos essa capacidade. Não são as regras que nos permitem compreender a natureza dos números naturais, como mostra o teorema de Gödel Entender o que "são" os números naturais é um bom exemplo de contato platônico.

Estou, portanto, dizendo que, de um modo mais geral, o entendimento matemático não é algo computacional, mas sim uma coisa completamente diferente, que depende de nossa capacidade de ter ciência das coisas. Alguns podem dizer: "Tudo o que você diz ter provado é que a intuição matemática não é computacional. Isso não diz muita coisa acerca de outras formas de consciência". Mas me parece que isso não é suficiente. Não é razoável traçar uma linha entre o entendimento matemático e todo outro tipo de entendimento. É isso que eu estava tentando ilustrar com a minha primeira charge (Figura 3.7). O entendimento é algo que não é específico da matemática. Os seres humanos desenvolvem essa qualidade de entendimento geral e ela *não* é uma qualidade computacional, pois o entendimento matemático não o é. Tampouco traço uma linha entre o entendimento humano e a consciência humana de um modo geral. Assim, embora tenha dito que não sei o que seja a consciência humana, acho que o entendimento humano é um caso dela, ou pelo menos algo que a requer. Também não vou traçar uma linha entre a consciência humana e a consciência animal. Nesse ponto, posso ter problemas com diversos grupos de pessoas. Parece-me que os humanos são muito parecidos com outros tipos de animais e, embora possamos ter um entendimento das coisas um pouco melhor do que alguns de nossos primos, eles também têm certo tipo de entendimento, e assim também devem ter receptividade.

Portanto, a não computabilidade em *algum* aspecto da consciência e, especificamente, no entendimento matemático, sugere energicamente que a não computabilidade seria uma característica de *toda* consciência. Essa é a minha sugestão.

Pois bem, que entendo por não computabilidade? Falei muito sobre isso, mas deveria dar um exemplo de algo que seja não computacional para mostrar o que quero dizer. O que estou a ponto de lhes descrever é um exemplo do que muitas vezes é chamado *universo de modelo de brinquedo* – é o tipo de coisa que os físicos fazem quando não conseguem pensar em nada melhor para fazer. (Na realidade, não é algo tão ruim de fazer!) O interessante num modelo de brinquedo é que ele não pretende ser um modelo real do Universo. Ele pode refletir certos aspectos do Universo, mas não tenciona ser tomado a sério como um modelo para o Universo real. Esse modelo de brinquedo certamente não pretende ser levado a sério nesse sentido. É apresentado meramente para ilustrar um determinado ponto.

Neste modelo, há um tempo discreto que progride como 0, 1, 2, 3, 4,... e o estado do Universo em qualquer tempo deve ser dado por um *conjunto poliomino*. O que é um conjunto poliomino? Bem, alguns exemplos são ilustrados na Figura 3.10. Um poliomino é uma coleção de quadrados reunidos todos juntos ao longo de várias margens para formar uma figura plana. Estou interessado em conjuntos de poliominos. Pois bem, nesse modelo de brinquedo, o estado do universo em qualquer momento deve ser dado por dois conjuntos de poliominos finitos e separados. Na Figura 3.10, considero uma lista completa de todos os conjuntos finitos possíveis de poliominos, enumerados como S_0, S_1, S_2,..., de alguma maneira computacional. Qual é a evolução, ou dinâmica, desse ridículo universo? Partimos do tempo zero com os conjuntos de poliominos (S_0, S_0) e em seguida prosseguimos com outros pares de conjuntos de poliominos, de acordo com determinada regra precisa. Essa regra depende de ser ou não possível usar um dado conjunto poliomino para ladrilhar o plano inteiro, usando apenas os poliominos desse conjunto. Pois bem, suponhamos que o estado do universo do modelo de brinquedo num instante de tempo sei a o par de conjuntos de poliominos (S_q, S_r). A regra para a evolução desse modelo é que, se pudermos ladrilhar o plano com os poliominos de S_q, então podemos ir adiante para o próximo, S_{q+1}, obtendo o par (S_{q+1}, S_r) no próximo instante de tempo. Se não pudermos, além disso, devemos inverter o par, para termos (S_r, S_{q+1}). Trata-se de um pequeno universo muito simples e estúpido – o que tem ele de interessante? O interessante é que, embora a sua evolução seja inteiramente determinista – eu dei a vocês uma regra muito clara, absolutamente determinista sobre como o universo deve evoluir –, ele é *não computável*. Segue-se de um teorema de Robert Berger que não há nenhuma ação de computador que possa simular a evolução desse universo, porque não

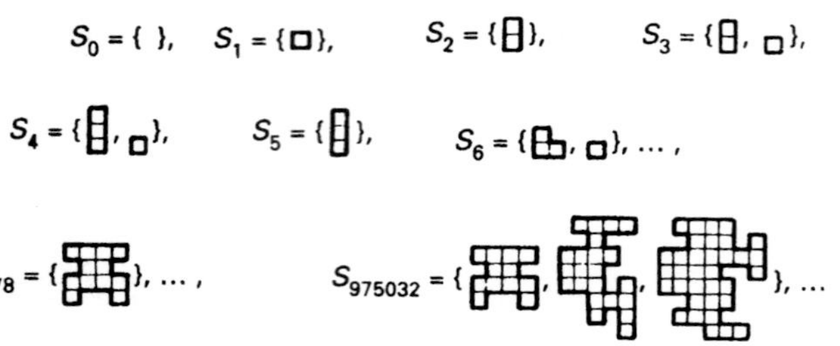

$S_0 = \{\ \}, \quad S_1 = \{\square\}, \quad S_2 = \{\boxminus\}, \quad S_3 = \{\boxminus, \square\},$

$S_4 = \{\boxminus, \square\}, \quad S_5 = \{\boxminus\}, \quad S_6 = \{\boxminus, \square\}, \ldots,$

$S_{278} = \{\ldots\}, \ldots, \quad S_{975032} = \{\ldots, \ldots, \ldots\}, \ldots$

FIGURA 3.10 – Um modelo de universo de brinquedo. Os diferentes estados deste universo de brinquedo determinista mas não computável são dados em termos de pares de conjuntos finitos de poliominós. Enquanto o primeiro conjunto do par ladrilha o plano, a evolução temporal vai em frente com o primeiro conjunto crescendo em ordem numérica e o segundo "marcando passo". Quando o primeiro conjunto não ladrilha o plano, os dois trocam de posição e a evolução continua. Seria algo mais ou menos assim: $(S_0, S_0)(S_0, S_1), (S_1, S_1), (S_2, S_1), (S_3, S_1),$ $(S_4, S_1), \ldots, (S_{278}, S_{251}), (S_{251}, S_{279}), (S_{252}, S_{279}), \ldots$

há nenhum procedimento computacional de decisão para decidir quando um conjunto de poliominó ladrilhará o plano.

Isso ilustra o ponto de que a computabilidade e o determinismo são coisas diferentes. Alguns exemplos de ladrilhamento por poliominós são mostrados na Figura 3.11. Nos exemplos (a) e (b), essas figuras podem ladrilhar um plano completo, como ilustrado. No exemplo (c), as figuras da esquerda e da direita por si sós não podem ladrilhar um plano – em ambos os casos, elas deixam lacunas. Mas, juntas, elas podem ladrilhar o plano inteiro, como ilustra (c). O exemplo (d) também ladrilhará o plano – só pode ladrilhar o plano da maneira mostrada e isso mostra quão complicados podem ser esses ladrilhamentos.

As coisas podem piorar, porém. Deixem-me mostrar-lhes o exemplo da Figura 3.12 – na realidade, o teorema de Robert Berger depende da existência de conjuntos de ladrilhos como este. Os três ladrilhos mostrados no alto da Figura recobrirão o plano inteiro, mas não há maneira de fazer isso de modo que a forma se repita. Ela é sempre diferente à medida que prosseguimos, e não é

O GRANDE, O PEQUENO E A MENTE HUMANA 131

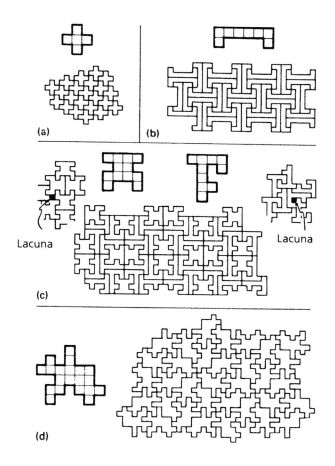

FIGURA 3.11 – Vários conjuntos de poliominos que ladrilharão o plano infinito euclidiano (são permitidos ladrilhos refletidos). Nenhum dos poliominos do conjunto (c), por si só, ladrilhará o plano, no entanto.

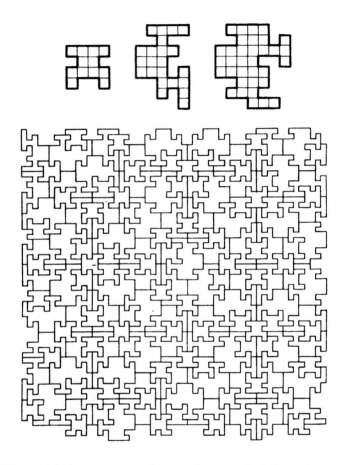

FIGURA 3.12 – Esse conjunto de três poliominos ladrilha o plano apenas não periodicamente.

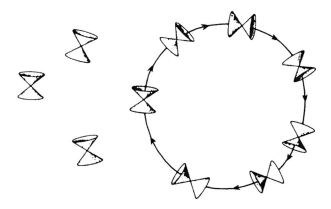

FIGURA 3.13 – Com uma inclinação suficientemente forte do cone de luz num espaço-tempo, podem ocorrer linhas fechadas de tipo temporal.

tão fácil ver que possamos realmente preenchê-lo. No entanto, isso pode ser feito, e a existência de ladrilhamentos como esse entra no argumento de Robert Berger, do qual decorre que não existe nenhum programa de computador que possa simular esse universo de brinquedo.

Que dizer do Universo real? Argumentei no capítulo 2 que está faltando algo fundamental em nossa física. Existe alguma razão dentro da própria física para se pensar que possa haver algo não computável nessa física que falta? Pois bem, acho que existe uma razão para se acreditar nisso – que a verdadeira teoria quântica da gravidade possa ser não computável. A ideia não caiu totalmente do céu. Mostrarei que a não computabilidade é uma característica de duas abordagens independentes da gravidade quântica. O que distingue essas abordagens particulares é implicarem elas a superposição quântica de espaços-tempos quadridimensionais. Muitas outras abordagens implicam apenas superposições de espaços tridimensionais.

A primeira é o esquema de Geroch-Hartle para a gravidade quântica, que revela ter um elemento não computável, pois invoca um resultado, obtido por Markov, que afirma que variedades topológicas quadridimensionais não são classificáveis computacionalmente. Não vou entrar nesta matéria, que é técnica, porém ela mostra que essa característica de não computabilidade já despontou de maneira natural em tentativas de combinar a relatividade geral e a mecânica quântica.

O segundo lugar onde surgiu a não computabilidade numa abordagem da gravidade quântica foi na obra de David Deutsch. Apareceu num impresso publicado por ele e depois, quando o artigo apareceu impresso, o argumento não podia ser encontrado em lugar algum! Perguntei-lhe o que tinha acontecido e ele me garantiu que o retirara não porque estivesse errado, mas sim porque não era relevante para o resto do artigo. Seu ponto de vista é que, nessas divertidas superposições de espaços-tempos, temos de considerar pelo menos a possibilidade de que alguns desses universos potenciais possam ter linhas fechadas de tipo temporal (Figura 3.13). Neles, a causalidade enlouqueceu, o futuro e o passado se misturaram e as influências causais giram em círculo. Pois bem, embora eles só precisem desempenhar um papel de contrafactuais, como no problema do teste de bombas do capítulo 2, eles exercem mesmo assim uma influência sobre o que realmente acontece. Eu não diria que esse é um argumento claro, mas pelo menos é uma indicação de que poderá muito bem haver algo de natureza não computacional na teoria correta, se um dia a descobrirmos.

Quero levantar uma outra questão. Ressaltei que o determinismo e a computabilidade são coisas diferentes. Isso tem algo a ver com a questão do *livre-arbítrio*. Nas discussões filosóficas, sempre se falou acerca do livre-arbítrio em termos de determinismo. Por outras palavras: "é o nosso futuro determinado pelo nosso passado?" e questões dessa natureza. Parece-me que existem muitas outras questões que poderiam ser colocadas. Por exemplo: "é o futuro determinado *computavelmente* pelo passado?" – essa é uma questão diferente.

Essas considerações levantam todo tipo de questões. Eu apenas as colocarei – certamente não tentarei respondê-las. Sempre existem grandes argumentos acerca do quanto as nossas ações são determinadas por *nossa hereditariedade* e por *nosso meio ambiente*. Algo que estranhamente não é muito mencionado é o papel dos *elementos de acaso*. Em certo sentido, todas essas coisas estão além do nosso controle. Pode-se perguntar: "Existe alguma outra coisa, talvez algo chamado *self*, que seja a diferente de tudo isso e que esteja a além de tais influências?". Até mesmo questões legais têm relevância para tal ideia. Por exemplo, as questões de direitos ou de responsabilidades parecem depender das ações de um "self" independente. Esta pode ser uma questão muito sutil. Em primeiro lugar, há a questão relativamente simples do *determinismo* e do *não determinismo*. O tipo normal de não determinismo envolve apenas elementos aleatórios, mas isso não nos ajuda muito. Esses elementos de acaso ainda estão além do nosso controle. Precisamos ter, em vez disso, uma *não computabilidade*. Temos de ter *tipos de ordem mais alta de não computabilidade*. De fato, é curioso que os argumentos de tipo do de Gödel. que apresentei, possam na realidade ser aplicados em diferentes níveis. Podem ser aplicados no nível do que Turing chamava de *máquinas oraculares* – o argumento é realmente muito mais geral do que como o apresentei acima. Assim, temos de considerar a questão de se pode ou não existir alguma espécie de tipo de ordem mais alta de não computabilidade envolvida na maneira como o Universo real evolui. Talvez nossos sentimentos de livre-arbítrio tenham algo a ver com isso.

Falei sobre contato com algum tipo de mundo platônico – qual é a natureza desse contato "platônico"? Existem alguns tipos de palavras que parecem envolver elementos não computáveis – por exemplo, juízo, senso comum, intuição, sensibilidade estética, compaixão, moralidade... Parece-me que estas são coisas que não são exatamente características da computação. Até aqui, falei do mundo platônico principalmente em termos de matemática, mas há outras coisas que também podem ser incluídas. Platão com certeza iria argumentar que não só o verdadeiro, mas também o bom e o belo são conceitos (platônicos) absolutos. Se de fato existe algum tipo de contato com os absolutos platônicos que a nossa re-

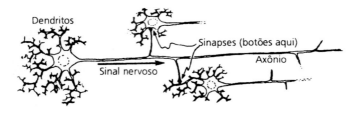

FIGURA 3.14 – Um esboço de um neurônio, conectado com alguns outros via sinapses.

ceptividade nos permite efetuar e que não pode ser explicado em termos de comportamento computacional, esta parece ser uma questão importante..

Pois bem, o que dizer de nossos cérebros? A Figura 3.14 mostra um pedacinho de um cérebro. Um componente primordial do cérebro é o seu sistema de *neurônios*. Uma parte importante de cada neurônio é uma fibra muito longa, conhecida como o seu *axônio*. Os axônios bifurcam-se em fios separados em vários lugares e cada um destes termina finalmente em algo chamado *sinapse*. Essas sinapses são as junções em que são transferidos sinais de cada neurônio para (sobretudo) outros neurônios, através de substâncias químicas chamadas neurotransmissores. Algumas sinapses são de natureza excitatória, com neurotransmissores que tendem a intensificar o disparo do próximo neurônio, e outras são inibitórias, tendendo a suprimir o disparo do próximo neurônio. Podemos referir-nos à confiabilidade de uma sinapse na transmissão da mensagem de um neurônio para o outro como a *intensidade* da sinapse. Se todas as sinapses tivessem intensidades fixas, o cérebro seria muito parecido com um computador. No entanto, é certamente verdade que essas intensidades sinápticas podem mudar e existem várias teorias acerca da maneira como mudam. Por exemplo, o mecanismo de Hebb foi uma das primeiras sugestões para esse processo. O ponto, no entanto, é que todos os mecanismos para introduzir mudanças que foram sugeridos são de natureza

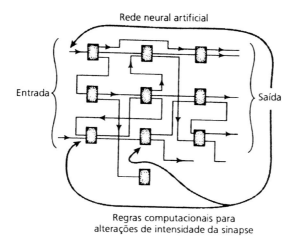

FIGURA 3.15.

computacional, embora com elementos probabilísticos adicionais. Assim, se tivermos algum tipo de regra computacional-probabilística que nos diga como essas intensidades mudam, ainda poderíamos estimular a ação do sistema de neurônios e de sinapses através de um computador (desde que os elementos probabilísticos também possam ser facilmente simulados computacionalmente) e obtemos o tipo de sistema ilustrado na Figura 3.15.

As unidades ilustradas na Figura 3.15, que podemos imaginar serem transistores, poderiam desempenhar o papel dos neurônios no cérebro. Por exemplo, podemos considerar dispositivos eletrônicos específicos conhecidos como *redes neurais artificiais*. Nessas redes, são incorporadas regras acerca de como mudam as intensidades da sinapse, normalmente para melhorar a qualidade de um resultado. Mas as regras são sempre de natureza computacional. É fácil ver que isso tem de ser assim, pela boa razão de que essas coisas são simuladas em computadores. Esse é o teste. Se formos capazes de pôr o modelo num computador, então ele é computável. Por exemplo, Gerald Edelman tem algumas sugestões acerca de

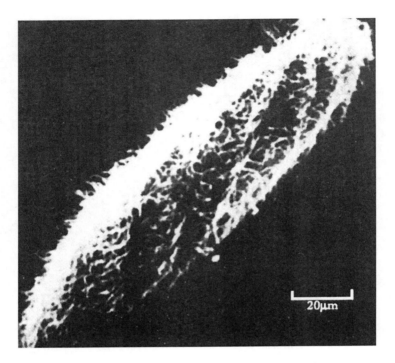

FIGURA 3.16 – Um paramécio. Notem-se os cílios capilosos que são usados para nadar. Eles formam as extremidades externas do *citoesqueleto* do paramécio.

como o cérebro poderia funcionar, que diz serem não computacionais. O que faz ele? Tem um computador que simula todas essas sugestões. Assim, se houver um computador que, supõe-se, o simule, então ele é computacional.

Quero colocar a questão: "Que estão fazendo os neurônios individuais? Estão agindo apenas como unidades computacionais?". Pois bem, os neurônios são células, e as células são coisas muito elaboradas. Na realidade, elas são tão elaboradas que, ainda que só tivéssemos uma delas, poderíamos fazer coisas muito complicadas. Por exemplo, um paramécio, um animal unicelular, é capaz de nadar até o alimento, fugir do perigo, transpor obstáculos e, aparentemente, aprender com a experiência (Figura 3.16). Todas estas são qualidades que pensaríamos requerer um sistema nervoso, mas o paramécio certamente não tem sistema nervoso. No melhor dos casos, o paramécio seria ele próprio um neurônio! Com certeza não existem neurônios num paramécio – há apenas uma única célula. O mesmo tipo de afirmação poderia ser aplicado a uma ameba. A pergunta é: "Como fazem isso?".

Uma sugestão é que o *citoesqueleto* – a estrutura que, entre outras coisas, dá à célula sua forma – é o que está controlando as complicadas ações desses animais unicelulares. No caso do paramécio, os cabelinhos, ou cílios, que ele usa para nadar são as extremidades do citoesqueleto e são em ampla medida feitos de pequenas estruturas tubulares chamadas *microtúbulos*. O citoesqueleto é formado desses microtúbulos, bem como de actina e filamentos intermediários. As amebas também se movem, usando efetivamente microtúbulos para propelir seus pseudópodes.

Os microtúbulos são coisas extraordinárias. Os cílios que o paramécio usa para nadar são basicamente feixes de microtúbulos. Além disso, os microtúbulos estão muito envolvidos na mitose, ou seja, na divisão da célula. Isso é verdade acerca dos microtúbulos nas células comuns, mas não, aparentemente, nos neurônios – os neurônios não se dividem, e essa pode ser uma diferença importante. O centro de controle do citoesqueleto é uma estrutura conhecida como *centrossomo*, cuja parte mais proeminente, o *centríolo*, consiste em dois feixes de microtúbulos sob a forma de um "T" separado. Num estádio crítico, quando o centrossomo se divide, cada um dos dois cilindros no centríolo cria um outro, fazendo dois centríolos "T" que, então, se separam deles, dando cada um a impressão de trazer consigo um feixe de microtúbulos. Essas fibras de microtúbulos ligam de algum modo as duas partes do centrossomo dividido aos fios separados de DNA no núcleo da célula, e os fios de DNA então se separam. Esse processo dá início à divisão da célula.

Não é isso que acontece nos neurônios pois os neurônios não se dividem, e portanto os microtúbulos devem estar fazendo algu-

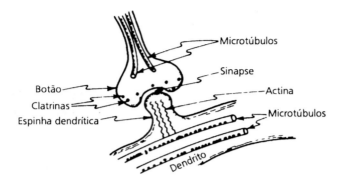

FIGURA 3.17 – Clatrinas (e extremidades de microtúbulos) ocupam os botões sinápticos do axônio e parecem estar envolvidos em influenciar a intensidade das sinapses. Isso poderia acontecer por via dos filamentos de actina nas espinhas dendríticas.

ma outra coisa. O que estão fazendo nos neurônios? Provavelmente estão fazendo muitas coisas, inclusive transportando moléculas neurotransmissoras dentro da célula, mas uma coisa em que eles parecem estar envolvidos é na determinação das intensidades das sinapses. Na Figura 3.17, é mostrada uma ampliação de um neurônio e de uma sinapse, na qual são também indicadas as localizações aproximadas dos microtúbulos, bem como das fibras da actina. Um modo como a intensidade de urna sinapse pode ser influenciada pelos microtúbulos é influenciando a natureza de uma *espinha dendrítica* (Figura 3.17). Essas espinhas aparecem em muitas sinapses, e aparentemente podem crescer ou encolher ou senão mudar de natureza. Tais mudanças podem ser induzidas por alterações na actina que está dentro delas, sendo a actina um constituinte essencial do mecanismo da contração muscular. Microtúbulos vizinhos poderiam influenciar muito essa actina, que, por sua vez, poderia influenciar a forma ou as propriedades dielétricas da conexão sináptica. Existem pelo menos duas outras maneiras diferentes como os microtúbulos poderiam estar implicados em influenciar as intensidades das sinapses. Com certeza, eles estão

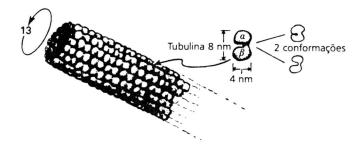

FIGURA 3.18 – Um microtúbulo. É um tubo oco, que normalmente consiste em 13 colunas de dímeros. Cada molécula de tubulina parece ser capaz de (pelo menos) duas conformações.

envolvidos no transporte de substâncias químicas neurotransmissoras, que transmitem o sinal de um neurônio para outro. São os microtúbulos que as transportam pelos axônios e dendritos e, portanto, sua atividade influenciaria a concentração dessas substâncias químicas na extremidade do axônio e nos dendritos. Isso, por sua vez, poderia influenciar a intensidade da sinapse. Outra influência do microtúbulo estaria no crescimento e na degeneração do neurônio, alterando a própria rede de conexões neurônicas.

O que são os microtúbulos? Um esboço de um deles é mostrado na Figura 3.18. São pequenos tubos feitos de proteínas chamadas *tubulinas*. Elas são interessantes em vários aspectos. As proteínas tubulinas parecem ter (no mínimo) dois estados, ou conformações, diferentes e podem mudar de uma conformação para outra. Aparentemente, podem ser mandadas mensagens através dos tubos. Na realidade, Stuart Hameroff e seus colegas têm ideias interessantes acerca de como poderiam ser mandados sinais através dos tubos. Segundo Hameroff, os microtúbulos podem comportar-se como *autômatos celulares*, e sinais complicados poderiam ser mandados através deles. Pensemos as duas diferentes conformações de cada tubulina como representando o "0" e o "1" de um computador digital. Assim, um único microtúbulo poderia

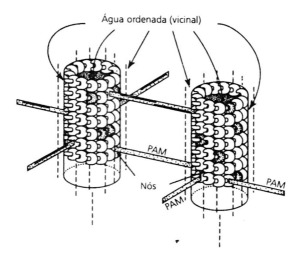

FIGURA 3.19 – Sistemas de microtúbulos dentro de (coleções de) neurônios podem sustentar uma atividade quanticamente coerente de grande escala, em que as ocorrências individuais de OR constituem eventos conscientes. É necessário o efetivo isolamento dessa atividade, possivelmente pela água ordenada [*ordered water*] que circunda os microtúbulos. Um sistema de interconexão de Proteínas Associadas aos Microtúbulos (PAM) poderia "afinar" essa atividade, prendendo-se aos microtúbulos nos "nós".

agir como um computador, e temos de levar isso em conta se estivermos examinando o que os neurônios estão fazendo. Cada neurônio não age apenas como um interruptor, mas, pelo contrário, envolve muitos, muitos microtúbulos e cada microtúbulo poderia estar fazendo coisas complicadíssimas.

É aqui que entra uma de minhas ideias. Pode ser que a mecânica quântica seja importante para entender esses processos. Uma das coisas que mais me entusiasmam nos microtúbulos é que eles são *tubos*. Sendo tubos, há uma possibilidade plausível de que possam ser capazes de isolar o que está se passando dentro deles da atividade aleatória do meio ambiente. No capítulo 2, aleguei que precisamos de uma nova forma de física OR e, para ser relevante, deve haver movimentos de massa quanticamente superpostos que estejam bem isolados do meio ambiente. Pode muito bem ser que, dentro dos tubos, haja uma espécie de atividade quântica coerente, de grande escala, algo como um supercondutor. Um movimento de massa significativo só estaria implicado quando essa atividade começa a se acoplar à conformações da tubulina (de tipo Hameroff), onde então o comportamento do "autômato celular" estaria ele próprio sujeito à superposição quântica. A Figura 3.19 ilustra o tipo de coisa que poderia ocorrer.

Como parte desse quadro, teria de haver algum tipo de oscilação quântica coerente ocorrendo dentro dos tubos, que teriam de se estender por áreas muito amplas do cérebro. Houve algumas sugestões desse tipo genérico propostas por Herbert Frölich muitos anos atrás, tornando plausível que possa haver coisas dessa natureza nos sistemas biológicos. Os microtúbulos parecem ser um bom candidato às estruturas no interior das quais essa atividade quântica coerente de grande escala poderia ocorrer. Quando emprego o termo "grande escala", vocês hão de lembrar que, no capítulo 2, descrevi o quebra-cabeça EPR e os efeitos de não localidade quântica, que mostram que efeitos que estão muito separados não podem ser considerados separados um do outro. Efeitos não locais como esse ocorrem na mecânica quântica e não podem ser entendidos em termos de estar uma coisa separada de outra está ocorrendo algum tipo de atividade global.

Parece-me que a consciência seja algo global. Portanto, qualquer processo físico responsável pela consciência teria de ser algo de caráter essencialmente global. A coerência quântica certamente preenche os requisitos a esse respeito. Para essa coerência quântica de grande escala ser possível, precisamos de um alto grau de isolamento, como as paredes dos microtúbulos poderiam oferecer. No entanto, precisamos de ainda mais, quando começam a envolver-se as conformações da tubulina. Esse necessário isolamento adicional em relação ao meio ambiente poderia ser fornecido pela água ordenada que fica do lado de fora dos microtúbulos. A água ordenada (que sabemos existir nas células vivas) seria também, provavelmente, um ingrediente importante de qualquer oscilação quanticamente coerente que ocorra dentro dos tubos. Embora difícil de acreditar, talvez não seja totalmente insensato que tudo isso possa acontecer.

As oscilações quânticas no interior dos tubos teriam de ser acopladas de algum modo à ação dos microtúbulos, a saber, a atividade celular de autômato de que fala Hameroff, mas agora essa ideia tem de ser associada à mecânica quântica. Aqui, portanto, temos de ter não só uma atividade computacional no sentido comum da expressão, mas também uma computação quântica, que envolva superposições de diferentes ações desse tipo. Se isso fosse tudo, ainda estaríamos no nível quântico. Num certo ponto, o estado quântico pode emaranhar-se com o meio ambiente. Saltaríamos então para o nível clássico de um modo aparentemente aleatório, de acordo com o procedimento **R** habitual da mecânica quântica. Isso não é bom, se quisermos que apareça uma autêntica não computabilidade. Para tanto, os aspectos não computáveis de **OR** têm de se manifestar, o que exige um excelente isolamento. Assim, afirmo que precisamos de algo no cérebro que tenha isolamento suficiente para que a nova física **OR** tenha oportunidade de desempenhar um papel importante. O que precisaríamos é que essas computações microtubulares superpostas, uma vez em ação, sejam suficientemente isoladas para que essa nova física entre de fato em jogo.

Assim, o quadro que tenho diz que, por algum tempo, essas computações quânticas acontecem e se mantêm isoladas do resto do material durante um tempo suficientemente longo – talvez algo da ordem de aproximadamente um segundo – para que os tipos de critérios de que estava falando substituam os procedimentos quânticos-padrão, surjam os ingredientes computacionais e tenhamos algo essencialmente diferente da teoria quântica-padrão.

Evidentemente, há uma boa dose de especulação em muitas dessas ideias. Mesmo assim, elas oferecem uma perspectiva autêntica de um quadro muito mais específico e quantitativo da relação entre a consciência e os processos biofísicos do que os oferecidos por outras abordagens. Podemos pelo menos começar a fazer um cálculo de quantos neurônios precisam estar envolvidos para que essa ação OR possa tornar-se relevante. O que é preciso é uma estimativa para T, a escala temporal de que falei no final do capítulo 2. Em outras palavras, supondo que os eventos de consciência estejam relacionados com tais ocorrências de OR, o que estimamos que seja T? Quanto tempo requer a consciência? Existem dois tipos de experiências relevantes para essas ideias, ambos ligados a Libet e seus associados. Um diz respeito ao livre-arbítrio, ou consciência ativa; outro, à sensação, ou consciência passiva.

Em primeiro lugar, consideremos o livre-arbítrio. Nas experiências de Libet e de Kornhuber, pede-se a uma pessoa que aperte um botão, num tempo completamente determinado por sua vontade. São colocados eletrodos na cabeça da pessoa, para detectar a atividade elétrica do seu cérebro. Muitas tentativas repetidas são feitas e tira-se uma média dos resultados (Figura 3.20a). O resultado é que há uma clara indicação de tal atividade elétrica cerca de um segundo antes do tempo em que a pessoa acredita que a decisão real é tomada. Assim, o livre-arbítrio parece implicar algum tipo de atraso temporal, da ordem de um segundo.

Mais notáveis são as experiências passivas, que são mais difíceis de realizar. Elas parecem sugerir que se passa cerca de meio segundo de atividade no cérebro antes que a pessoa se torne passivamente ciente de algo (Figura 3.20b). Nessas experiências, existem maneiras de bloquear a experiência consciente de um estímulo da pele, até meio segundo *depois* que esse estímulo realmente ocorreu! Nesses casos, quando o procedimento de bloqueio não é efetuado, a pessoa acredita que a experiência do estímulo da pele ocorreu no tempo real do estímulo. No entanto, ele poderia ter sido bloqueado até meio segundo depois do momento real do estímulo. Essas são experiências realmente intrigantes, sobretudo quando tomadas conjuntamente. Elas sugerem que a vontade consciente parece precisar de cerca de um segundo, e a sensação consciente, de cerca de meio segundo. Se imaginarmos que a consciência seja algo que faz alguma coisa, deparamos quase com um paradoxo.

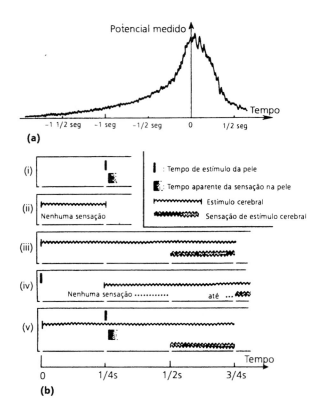

FIGURA 3.20 – (a) Experiência de Kornhuber, mais tarde repetida e refinada por Libet e seus colegas. A decisão de flexionar o dedo parece ser feita no tempo 0, mas o sinal anunciador (numa média de várias tentativas) sugere um "pré-conhecimento" da intenção de flexionar. (b) Experiência de Libet. (i) O estímulo da pele "parece" ser percebido aproximadamente no tempo real do estímulo. (ii) Um estímulo cortical de menos de meio segundo não é percebido. (iii) Um estímulo cortical de mais de um segundo é percebido de meio segundo para diante. (iv) Tal estímulo cortical pode "mascarar retrospectivamente" um anterior estímulo da pele, indicando que a consciência [*awareness*] de estímulo da pele na realidade *ainda não ocorrera* quando do estímulo cortical. (v) Se um estímulo da pele é aplicado pouco *depois* desse estímulo cortical, a consciência da pele é "pré-referida", mas a consciência cortical não.

Precisamos de meio segundo até nos tornarmos conscientes de algum acontecimento. Então, tentamos fazer a consciência funcionar, para fazer alguma coisa com ele. Precisamos de outro segundo para que o livre-arbítrio faça alguma coisa – ou seja, precisamos, no total, de um segundo e meio. Assim, se algo exigir uma resposta conscientemente deliberada, precisamos de cerca de um segundo e meio antes de podermos fazer realmente uso dela. Pois bem, acho um tanto difícil acreditar nisso. Tomemos o caso da conversa comum, por exemplo. Embora uma boa parte da conversa possa ser automática e inconsciente, parece-me muito estranho o fato de demorar um segundo e meio para se dar uma resposta *consciente*.

Minha maneira de encarar isso é que pode muito bem haver algo na maneira como interpretamos essas experiências que faça alguma suposição de que a física que estamos usando seja basicamente a física clássica. Lembremo-nos do problema do teste de bombas, quando falamos acerca de contrafactuais e do fato de que eventos contrafactuais poderiam ter uma influência sobre as coisas, ainda que não ocorram realmente. O tipo comum de lógica que se usa tende a levar ao erro se não se toma cuidado. Temos de ter em mente como se comportam os sistemas quânticos, e assim pode ser que algo estranho esteja acontecendo nessas contagens de tempo, por causa da não localidade quântica e dos contrafactuais quânticos. É muito difícil entender a não localidade quântica dentro do quadro da relatividade restrita. Minha interpretação é que, para entender a não localidade quântica, vamos precisar de uma teoria radicalmente nova. Essa nova teoria não será apenas uma ligeira modificação da mecânica quântica, mas sim algo tão diferente da mecânica quântica-padrão quanto a relatividade geral é diferente da gravidade newtoniana. Teria de ser algo com um quadro conceitual completamente diferente. Nessa interpretação, a não localidade quântica estaria incorporada à teoria.

No capítulo 2, a não localidade era mostrada como algo que, embora muito intrigante, ainda pode ser descrito matematicamente. Permitam-me mostrar-lhes a Figura de um triângulo impossí-

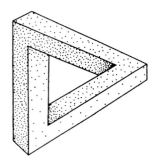

Onde está a impossibilidade?

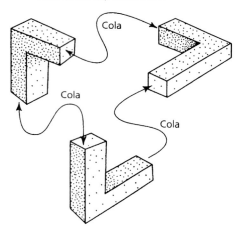

FIGURA 3.21 – Um triângulo impossível. A "impossibilidade" não pode ser localizada; no entanto, ela pode ser definida em termos matemáticos precisos como uma abstração a partir das "regras de colagem" subjacentes à sua construção.

vel na Figura 3.21. Podem perguntar-me: "Onde está a impossibilidade?". Você pode localizá-la? Você pode tapar várias partes da Figura e, seja qual for a parte do triângulo que cobrir, a Figura de repente se torna possível. Assim, não se pode dizer que a impossibilidade esteja em algum lugar específico da Figura – a impossibilidade é um aspecto da estrutura inteira. No entanto, existem maneiras matemáticas precisas pelas quais se pode falar sobre essas coisas. Isso pode ser feito quebrando-a em partes, colando-a e extraindo certas ideias matemáticas abstratas da Figura detalhada total das colagens. A noção de *cohomologia* é adequada, nesse caso. Essa noção nos fornece um meio de calcular o grau de impossibilidade dessa Figura. Esse é o tipo de matemática não local que pode muito bem estar implicada em nossa nova teoria.

Não há de ser por acaso que a Figura 3.21 se parece com a Figura 3.3! O desenho da Figura 3.3 foi feito deliberadamente dessa maneira, para ressaltar um elemento de paradoxo. Há algo claramente misterioso na maneira como esses três mundos se inter-relacionam – onde cada um parece como que "emergir" de uma pequena parte do anterior. No entanto, como no caso da Figura 3.21, com um maior entendimento podemos ser capazes de nos resignar com esse mistério ou mesmo de resolvê-lo. É importante reconhecer quando ocorrem quebra-cabeças e mistérios. Mas o mero fato de estar acontecendo algo muito intrigante não significa que algum dia seremos capazes de entendê-lo.

Referências bibliográficas

ALBRECHT-BUEHLER, G. Does the geometric design of centrioles imply their function? *Cell Monthly*, v.1, p.237-45, 1981.
_____. Surface extensions of 3T3 cells towards distant infrared light sources. J. *Cell Biol.*, v.114, p.493-502, 1991.
ASPECT, A, GRANGIER, P., ROGER, G. Experimental realization of Einstein-Podolsky-Rosen-Bohm *Gedankenexperiment*: a new violation of Bell's inequalities. *Phys. Rev. Lett.*, v.48, p.91-4, 1982.
BECKENSTEIN, J. Black holes and the second law. *Lett. Nuovo Cim.*, V.4, p.737-40, 1972.
BELL, J. S. *Speakable and Unspeakable in Quantum Mechanics*. Cambridge: Cambridge University Press, 1987.
_____. Against measurement. *Physics World.*, v.3, p.33-40, 1990.
BERGER, R. The undecidability of the domino problem. *Memoirs Amer. Math. Soc.*, n.66, 72p., 1966.
BOHM, D., HILEY, B. *The Undivided Universe*. London: Routledge, 1994.
DAVENPORT, H. *The Higher Arithmetic*. 3. ed. London: Hutchinson's University Library, 1968.

DEEKE, L., GRÖTZINGER, B., KORNHUBER, H., H. Voluntary finger movements in man: cerebral potentials and theory. *Biol. Cybernetics*, v.23, p.99, 1976.

DEUTCH, D. Quantum theory, the Church-Turing principle and the universal quantum computer. *Proc. Roy. Soc. (London)*, v.A400, p.97-117, 1985.

DEWITT, B. S., GRAHAM, R. D. (Org.) *The Many-Worlds Interpretation of Quantum Mechanics*. Princeton: Princeton University Press, 1973.

DIÓSI, L. Models for universal reduction of macroscopic quantum fluctuations. *Phys. Rev.*, v.A40, p.1165-74, 1989.

FRÖHLICH, H. Long-range coherence and energy storage in biological systems. *Int. J. of Quantum Chem.*, v.II, p.641-9, 1968.

CELL-MANN, M., HARTLE, J. B. Classical equations for quantum systems. *Phys. Rev. D.*, v.47, p.3345-82, 1993.

GEROCH, R., HARTLE, J. Computability and physical theories. *Found. Phys.*, v.16, p.533, 1986.

GÖDEL, K. Über formal unentscheidbare Sätze der Principia Mathematica und verwandter System 1. *Monatshefte für Mathematik und Physik*, v.38, p.173-98, 1931.

COLOMB, S. W. *Polyominoes*. London: Scribner and Sons, 1966.

HAAG, R. *Local Quantum Physics*: Fields, Particles, Algebras. Berlin: Springer-Verlag, 1992.

HAMEROFF, S. R., PENROSE, R. Orchestrated reduction of quantum coherence in brain microtubules – a model for consciousness. In: HAMEROFF, S., KAZNIAK, A., SCOTT, A. (Org.) *Toward a Science of Consciousness*: contributions from the 1994 Tucson Conference. Cambridge: MIT Press, 1996.

_____. Conscious events as orchestrated space-time selections. *J. Consciousness Studies*, v.3, p.36-53, 1956.

HAWKING, S. W. Particle creation by black holes. *Comm. Math. Phys.*, v.43, p.199-220, 1975.

HUGHSTON, L. P., JOZSA, R., WOOTERS, W. K. A complete classification of quantum ensembles having a given density matrix. *Phys. Letters*, v.A183, p.14-8, 1993.

KÁROLYHÁZY, F. Gravitation and quantum mechanics of macroscopic bodies. *Nuovo Cim.*, vA42, p.390, 1966.

_____. Gravitation and quantum mechanics of macroscopic bodies. *Magyar Fizikai Polyotr Mat.*, v.12, p.24, 1974.

KÁROLYHÁZY, F., FRENKEL, A., LUKACS, B. On the possible role of gravity on the reduction of the wave function. In: PENROSE, R., ISHAM, C. J. (Org.) *Quantum Concepts in Space and Time*. Oxford: Oxford University Press, 1986. p.109-28.

KIBBLE, T. W. B. Is a semi-classical theory of gravity viable? In: ISHAM, C. J., PENROSE, R., SCIAMA, D. W. (Org.) *Quantum Gravity 2*: A

Second Oxford Symposium. Oxford: Oxford University Press, 1981. p.63-80.
LIBET, B. The neural time-factor in perception, volition and free will. *Revue de Métaphysique et de Morale*, v.2, p.255-72, 1992.
LIBET, B., WRIGHT JUNIOR, E. W., FEINSTEIN, B., PEARL, D. K. Subjective referral of the timing for a conscious sensory experience. *Brain*, v.102, p.193-224, 1979.
LOCKWOOD, M. *Mind, Brain and the Quantum*. Oxford: Basil Blackwell, 1989.
LUCAS, J. R. Minds, Machines and Gödel. *Philosophy*, v.36, p.120-4,1961. Reimpresso in ANDERSON, A. R. *Minds and Machines*. New Jersey: Princeton-Hall, 1964.
MAJORANA, E. Atomi orientati in campo magnetico variabile. *Nuovo Cimento*, v.9, p.43-50, 1932.
MORAVEC, H. *Mind Children*: The Future of Robot and Human Intelligence. Cambridge, MA: Harvard University Press, 1988.
OMNÉS, S, R. Consistent interpretations of quantum mechanics. *Rev. Mod. Phys.*, v.64, p.339-82, 1992.
PEARLE, P. Combining stochastic dynamical state-vector reduction with spontaneous localisation. *Phys. Rev.*, v.A39, p.2277-89, 1989.
PENROSE, R. *The Emperor's New Mind*: Concerning Computers, Minds, and the Laws of Physics. Oxford: Oxford University Press, 1989.
_____. Difficulties with inflationary cosmology. In: FENVES, E. (Org.) Proceedings of the 14th Texas Symposium on Relativistic Astrophysics. Fenves, *Annals...* v.571, p.249, New York: NY Acad. Science, 1989.
_____. On the cohomology of impossible figures [La cohomologie des figures impossibles]. *Structural Topology [Topologie structurale]*, v.17, p.11-6, 1991.
_____. *Shadows of the Mind*: An Approach to the Missing Science of Consciousness. Oxford: Oxford University Press, 1994
_____. On gravity's role in quantum state reduction. *Gen. Rel. Grav.*, v.28, p.581, 1996.
PERCIVAL, I. C. Quantum spacetime fluctuations and primary state .diffusion. *Proc. R. Soc. Lond.*, v.A451, p.503-13, 1995.
SCHRÖDINGER, E. Die gegenwärtige Situation in der Quantenmechanik. *Naturwissenschaftenp*, v.23, p.807-12, 823-8, 844-9. Tradução inglesa de J. T. Trimmer in *Proc. Amer. Phil. Soc.*, v.124, p.323-38, 1980.
_____. Probability relations between separated systems. Proc. Camb. Phil. Soc., v.31, p.555-63, 1935.
SEARLE, J. R. Minds, Brains and Programs. In: _____. *The Behavioral and Brain Sciences*. Cambridge: Cambridge University Press, 1980, v.3.
SEYMORE, J., NORWOOD, D. A game for life. *New Scientist*, v.139, n.1889, p.23-6, 1993.

SQUIRES, E. On an alleged proof of the quantum probability law. *Phys. Lett.*, v.A145, p.67-8, 1990.

TURING, A. M. On computable numbers with an application to the Entscheidungsproblem. *Proc. Lond. Math. Soc. (ser. 2)*, v.42, p.230-65; uma correção, v.43, 544-6, 1937.

_____. Systems of logic based on ordinals. *P. Lond. Math. Soc.*, v.45, p.161-228, 1939.

VON NEUMANN, J. *Mathematical Foundations of Quantum Mechanics*. Princeton: Princeton University Press, 1955.

WIGNER, E. P. The unreasonable effectiveness of mathematics in the physical sciences. *Commun. Pure Appl. Math.*, v.13, p.1-14, 1960.

ZUREK, W. H. Decoherence and the transition from quantum to classical. *Physics Today*, v.44, n.10, p.36-44, 1991.

4
SOBRE MENTALIDADE, MECÂNICA QUÂNTICA E A ATUALIZAÇÃO DE POTENCIALIDADES

ABNER SHIMONY

Introdução

O que mais admiro no trabalho de Roger Penrose é o espírito de suas investigações – a combinação de perícia técnica, audácia e determinação de ir ao coração do assunto. Ele segue o grande conselho de Hilbert: *"Wir müssen wissen, wir werden wissen"*.[1] Quanto ao programa de sua investigação, concordo com ele em três teses básicas. Primeira, a mentalidade pode ser tratada cientificamente. Segunda, as ideias da mecânica quântica são relevantes para o problema mente-corpo. Terceira, o problema quântico da atualização de potencialidades é um problema físico autêntico, que não pode ser resolvido sem que se modifique o formalismo quântico. Sou cético, no entanto, acerca de muitos pormenores da elaboração dada por Roger a essas três teses e espero que minha crítica venha a estimulá-lo a fazer melhoramentos.

---

1 "Temos de saber, então saberemos." Esta exortação está gravada na lápide do túmulo de Hilbert. Ver Constance Reid, *Hilbert*, New York: Springer Verlag, 1970, p.220.

4.1 O estatuto da mentalidade na natureza

Cerca de um quarto dos capítulos 1-3 e cerca de metade de seu livro *Shadows of the Mind* (doravante abreviado como SM) são dedicados a estabelecer o caráter não algorítmico da capacidade matemática humana. A resenha feita por Hilary Putnam[2] de SM alegava que havia algumas lacunas na argumentação – que Roger desdenha a possibilidade de um programa para uma máquina de Turing que simule a capacidade matemática humana mas não seja demonstravelmente válido, e sendo a possibilidade de tal programa tão complexa que, na prática, uma mente humana não poderia entendê-lo. Não fiquei convencido com a resposta de Roger a Putnam,[3] mas, de outro modo, não sou suficientemente culto em matéria de teoria das provas para julgar com segurança. Parece-me, porém, que a questão é tangencial à preocupação central de Roger, e que ele é um alpinista que tentou escalar a montanha errada. Sua tese central – de que existe algo relativo aos atos mentais que não pode ser realizado por nenhum computador artificial – não depende da demonstração do caráter não algorítmico das operações matemáticas humanas. De fato, como um aderido ao seu longo argumento gödeliano, Roger apresenta (SM, p.40-1) o argumento do "quarto chinês", de autoria de John Searle, de que uma correta computação feita por um autômato não constitui entendimento. O núcleo do argumento é que um sujeito humano poderia ser treinado para se comportar como um autômato, obedecendo de modo comportamental a instruções acusticamente dadas em chinês, mesmo que o sujeito não entenda chinês e saiba que esse é o caso. Um sujeito que efetue corretamente uma computação seguindo essas instruções pode comparar diretamente a experiência normal de computar por entendimento e a experiência anormal de computar como um autômato. A verdade matemática

---

2 Hilary Putnam, Resenha de *Shadows of the Mind*, in *The New York Times Book Review*, 20 nov. 1994, p.1.
3 Roger Penrose, Carta a *The New York Times Book Review*, 18 dez. 1994, p.39.

estabelecida pela computação em questão pode ser totalmente trivial e, no entanto, a diferença entre computar de modo mecânico e entender é intuitivamente clara.

O que Searle, com a aprovação de Roger, defendeu acerca do entendimento matemático aplica-se também a outros aspectos da experiência consciente – as *qualia* sensoriais, sensações de dor e prazer, sentimentos de volição, intencionalidade (que é a referência experimentada a objetos ou conceitos ou proposições) etc. No interior da filosofia geral do fisicismo existem várias estratégias para dar conta desses fenômenos.[4] Nas teorias dos dois aspectos, essas experiências são vistas como aspectos de estados cerebrais específicos; outras teorias identificam uma experiência mental com uma classe de estados cerebrais, sendo a classe tão sutil que uma caracterização física explícita não pode ser dada, impedindo com isso a "redução" explícita de um conceito mental a conceitos físicos; as teorias funcionalistas identificam as experiências mentais com programas formais que podem, em princípio, ser realizados por muitos sistemas físicos diferentes, ainda que, como uma contingente questão de fato, sejam realizados por uma rede de neurônios. Um argumento fisicista recorrente, ressaltado sobretudo pelas teorias dos dois aspectos, mas usado por outras variedades de fisicismo, é que uma entidade caracterizada por um conjunto de propriedades pode ser idêntica a uma entidade caracterizada por um conjunto completamente diferente de propriedades. As caracterizações podem envolver diferentes modalidades sensoriais, ou uma pode ser sensorial e a outra, microfísica. O argumento, então, prossegue sugerindo que a identidade de um estado mental com um estado cerebral (ou com uma classe de estados cerebrais ou com um programa) é um caso essa lógica gera de identidade. Julgo haver um profundo erro nesse raciocínio. Quando um objeto caracterizado por uma modalidade sensorial é identificado com outro caracterizado por outra modalidade, há uma referência tá-

---

[4] Ned Block, *Readingsin Philosophy of Psychology*, Cambridge: Harvard University Press, 1980, v.1, pte.1-2.

cita a duas cadeias causais, tendo ambas um termo comum num objeto singular e outro termo comum no teatro da consciência de quem percebe, mas com laços causais intermediários diferentes no meio ambiente e no aparelho sensorial e cognitivo de quem percebe. Quando são identificados um estado cerebral e um estado de consciência, de acordo com uma versão de dois aspectos do fisicismo, não há dificuldade em reconhecer um objeto comum como termo: é, na realidade, o estado cerebral, uma vez que o fisicismo está comprometido com o primado ontológico da descrição física. Mas o outro termo, o teatro da consciência de quem percebe, está ausente. Ou talvez devêssemos dizer que há um equívoco difuso na teoria dos dois aspectos, uma vez que um teatro comum é tacitamente suposto como o *locus* de combinação e de comparação entre os aspectos físico e mental, mas, de outro modo, não há um estatuto independente para esse teatro, se o fisicismo estiver certo.

Um argumento afim contra o fisicismo baseia-se no princípio filosófico que eu chamo de "princípio fenomenológico" (mas darei as boas-vindas a um nome melhor, se ele existir na literatura ou possa ser sugerido): vale dizer, seja qual for a ontologia que uma filosofia coerente reconheça, essa ontologia deve bastar para dar conta das aparências. Esse princípio tem como consequência que o fisicismo é incoerente. Uma ontologia fisicista pode postular, e normalmente o faz, uma hierarquia ontológica, consistindo o nível fundamental tipicamente em partículas ou campos elementares, e os níveis mais altos, em compostos formados a partir das entidades elementares. Esses componentes podem ser caracterizados de diferentes maneiras: caracterizações de textura fina apresentam o microestado em pormenor; caracterizações de textura grossa somam ou tiram a média das descrições de textura fina ou as integram; caracterizações relacionais dependem de laços causais entre os sistemas compósitos de interesse e instrumentos ou percebedores. Onde entram as aparências sensoriais nessa concepção da natureza? Não nas caracterizações de textura fina, a menos que propriedades mentais sejam contrabandeadas para dentro da física fundamental, o que é contrário ao programa do fisicismo. Não entram na descrição de textura grossa sem algo como a teoria dos dois aspectos, cuja fraqueza foi indicada no parágrafo anterior; e não entram nas caracterizações relacionais, a menos que o objeto esteja causalmente ligado a um sujeito sensível. Em suma, as aparências sensoriais não entram em nenhum lugar na ontologia fisicista.

Esses dois argumentos contra o fisicismo são simplórios mas robustos. É difícil ver como poderiam ser enfrentados e como a mente poderia ser vista como ontologicamente derivada, a não ser por muitas considerações sólidas e formidáveis. A primeira é que não existe absolutamente nenhuma evidência de que a mentalidade exista fora de sistemas nervosos altamente desenvolvidos. Como diz Roger: "Se a 'mente' for algo totalmente externo ao corpo físico, é difícil ver por que tantos de seus atributos possam estar tão intimamente associados a propriedades do cérebro físico" (SM, p.350). A segunda é o imenso *corpus* de evidência de que as estruturas neuronais são produtos de uma evolução dos organismos primitivos desprovidos dessas estruturas, e, de fato, se o programa de evolução pré-biótica estiver certo, a genealogia pode ser estendida até as moléculas inorgânicas e os átomos. A terceira consideração é que a física fundamental não atribui nenhuma propriedade mental a esses constituintes inorgânicos.

A "filosofia do organismo"[5] de A. N. Whitehead (que teve como antecessor a monadologia de Leibniz) possui uma ontologia mentalista que leva em consideração as três observações precedentes, mas com sutis restrições. Suas entidades últimas são "ocasiões atuais", que não são entidades duradouras, mas sim *quanta* espaçotemporais, cada um dos quais dotado – normalmente num nível muito baixo – de características mentalistas, como "experiência", "imediação subjetiva" e "apetição". Os significados desses conceitos são derivados da mentalidade de alto nível que conhece-

---

[5] Alfred North Whitehead, *Adventures of Ideas*, London: Macmillan, 1933. *Process of Reality*, London: Macmillan, 1929.

mos introspectivamente, mas imensamente extrapolados de sua base familiar. Uma partícula física elementar, que Whitehead concebe como uma cadeia temporal de ocasiões, pode ser caracterizada, com um prejuízo muito pequeno, pelos conceitos da física ordinária, pois a sua experiência é confusa, monótona e repetitiva; no entanto, há algum prejuízo: "A noção de energia física, que está na base da física, deve, então, ser entendida como uma abstração da energia complexa, emocional e intencional, inerente à forma subjetiva da síntese final em que cada ocasião se completa a si mesma".[6] Só a evolução de sociedades altamente organizadas permite que a mentalidade primitiva se torne intensa, coerente e plenamente consciente: "os funcionamentos da matéria inorgânica permanecem intactos em meio aos funcionamentos da matéria viva. Parece que, em corpos que estão obviamente vivos, se realizou uma coordenação que dá realce a algumas funções inerentes às derradeiras ocasiões".[7]

O nome de Whitehead não consta do índice de SM e sua única ocorrência em *The Emperor's New Mind*[8] se refere aos *Principia Mathematica* de Whitehead e Russell. Não conheço as razões do desdém de Roger por ele, mas posso expressar algumas objeções minhas com as quais ele poderia concordar. Whitehead apresenta a sua ontologia mentalista como um remédio contra a "bifurcação da natureza" entre o mundo sem mente da física e a mente da consciência de alto nível. O nível mais baixo de protomentalidade, por ele atribuído a todas as ocasiões, tenciona preencher essa enorme lacuna. Mas não há uma bifurcação comparável entre a protomentalidade das partículas elementares e a experiência de alto nível dos seres humanos? E existe alguma evidência direta da protomentalidade de nível baixo? Tê-la-ia alguém postulado a não ser para estabelecer certa continuidade entre o Universo pri-

---

6 A. N. Whitehead, *Adventures of Ideas*, cap.11, seç.17.
7 Ibidem, cap.13, seç.6.
8 Roger Penrose, *The Emperor's New Mind*, Oxford: Oxford University Press, 1989.

mitivo e o Universo presente, habitado por organismos conscientes? E, se não há nenhuma razão além dessa, não seria o morfema "mental" na palavra "protomental" um equívoco, e não se torna a filosofia do organismo inteira um truque semântico de pegar um problema e renomeá-lo como uma solução? Além disso, não constitui a concepção das ocasiões atuais como as derradeiras entidades concretas do Universo um tipo de atomismo, mais rico, com certeza, do que o de Demócrito e de Gassendi, mas inconsistente com o caráter holístico da mente, revelado pela nossa experiência de alto nível?

Na seção seguinte, sugiro que essas objeções podem ser respondidas em certa medida pela elaboração de um whiteheadismo modernizado, usando alguns conceitos vindos da mecânica quântica.[9]

4.2 A relevância das ideias da mecânica quântica para o problema mente-corpo

O conceito mais radical da teoria quântica é o de que um estado completo de um sistema – ou seja, um estado que específica maximamente o sistema – não é exaurido por um catálogo das propriedades atuais do sistema, mas deve incluir as potencialidades. A ideia de potencialidade está implícita no princípio de superposição. Se uma propriedade A de um sistema quântico e um vetor de estado ϕ (que por conveniência se supõe ter norma unitária) forem especificados, então ϕ pode ser expresso sob a forma $\sum_i c_i u_i$, onde cada u_i é um vetor de estado de norma unitária representando um estado em que A tem um valor definido a_i, e cada c_i é um número complexo, sendo a soma de $|c_i|^2$ a unidade. Então ϕ é uma superposição do u_i com os pesos apro-

---

9   Abner Shimony, Quantum physics and the philosophy of Whitehead, In Max Black (Org.) *Philosophy in America*, London: George Allen & Unwin, 1965. Reimpresso in A. Shimony. *Search for a Naturalistic World View*, v.2, p.291-309, 1993, Shimon Malin, A Whitcheadian approach to Bell's correlations, *Foundations of Physics*, v.18, p.1035, 1988.

priados, e a menos que a soma contenha apenas um único termo, o valor de A no estado representado por ϕ é indefinido. Se o estado quântico for interpretado de modo realista, como uma representação do sistema tal como é, em vez de como um compêndio do conhecimento acerca dele, e se a descrição quântica for completa, não suscetível de nenhuma suplementação através de "variáveis ocultas", a sua indefinição é objetiva. Além disso, se o sistema interagir com o seu meio ambiente de tal modo que A se torne definido, por exemplo, através de medição, então o resultado é uma questão de acaso objetivo, e as probabilidades $|c_i|^2$ dos vários resultados possíveis são probabilidades objetivas. Essas características de indefinição objetiva, acaso objetivo e probabilidade objetiva são sintetizadas na caracterização do estado quântico como uma rede de potencialidades.

O segundo conceito radical da teoria quântica é o emaranhamento. Se u_i forem vetores de estado de norma unitária representando estados de Sistema I, com uma propriedade A com valores distintos nesses estados, e $\mathbf{v}_i$ forem vetores de estado do Sistema II, com uma propriedade B com distintos valores neles, há um vetor de estado $X = \sum_i c_i u_i \mathbf{v}_i$ (somando o $|c_i|^2$ à unidade) do composto Sistema I + II com características estranhas. Nem I nem II, separadamente, estão num estado quântico puro. Em particular, I não é uma superposição do u_i, e II não é uma superposição do v_i, pois tais superposições omitem a maneira como o u_i e o $\mathbf{v}_i$ estão correlacionados. X é, assim, uma espécie de estado holístico, dito "emaranhado". A teoria quântica, portanto, dispõe de um modo de composição sem análogo na física clássica. Se ocorrer um processo pelo qual A se torna atualizado, por exemplo, por ter o valor a_i, então B vai automaticamente ser atualizado também e terá o valor b_i. O emaranhamento, portanto, implica que as potencialidades de I e II sejam atualizadas uma após a outra.

O whiteheadismo modernizado a que cripticamente me referi no final da seção 4.1 incorpora de maneira essencial os conceitos de potencialidade e de emaranhamento. A potencialidade é o instrumento pelo qual pode ser evitada a embaraçosa bifurcação entre protomentalidade confusa e consciência de alto nível. Mesmo um organismo complexo com um cérebro altamente desenvolvido pode tornar-se inconsciente. A transição entre consciência e inconsciência não tem de ser interpretada como uma mudança do estatuto ontológico, mas sim como uma mudança de estado, e as propriedades podem passar de uma condição definida a outra indefinida, e vice-versa. No caso de um sistema simples como um elétron, nada mais se pode imaginar do que uma transição de uma indefinição total de experiência para um mínimo lampejo. Mas nesse ponto entra em jogo o segundo o conceito, o emaranhamento No caso de um sistema de muitos corpos em estados emaranhados, existe um espaço muito mais rico de propriedades observáveis do que no caso de uma única partícula, e os espectros dos observáveis coletivos são normalmente muito mais amplos do que os das partículas componentes. O emaranhamento de sistemas elementares tendo, cada um, um leque muito restrito de atributos mentais pode, possivelmente, gerar um amplo leque, que vai da inconsciência até a consciência de alto nível.

Como se pode comparar esse whiteheadismo modernizado com a aplicação feita por Roger das ideias quânticas ao problema mente-corpo? No capítulo 7 de SM e nos capítulos 2 e 3, Roger faz um uso substancial das duas grandes ideias de potencialidade e emaranhamento. A potencialidade é evocada em sua conjectura de que "computações quânticas" são realizadas por um sistema de neurônios, realizando cada ramo de uma superposição um cálculo independente dos realizados nos outros ramos (SM, p.355-6). O emaranhamento (a que Roger costuma referir-se como "coerência") é invocado em diversos estádios, para dar conta da realização desses cálculos: os microtúbulos nas paredes da célula supostamente desempenham um papel organizador no funcionamento dos neurônios, e para esse propósito é postulado um estado emaranhado de um microtúbulo (SM, p.364-5); supõe-se, então, que os microtúbulos de um único neurônio estejam num estado emaranhado; e finalmente há um suposto estado emaranhado de um grande número de neurônios. É preciso um emaranhamento em grande escala, pois "a unidade de uma única mente só pode surgir nesta descrição se houver alguma forma de coerência quântica que se estenda por uma parte apreciável do cérebro inteiro" (SM, p.372). Afirma Roger que a sua proposta é plausível em vista dos fenômenos de supercondutividade e de superfluidez, em especial de supercondutividade em alta temperatura, e dos cálculos de Fröhlich de que o emaranhamento em grande escala é possível em sistemas biológicos à temperatura do corpo (SM, p.367-8). Mais outra ideia quântica da abordagem da mente feita por Roger é tirada não da teoria quântica corrente, mas sim da teoria quântica do futuro, que ele conjectura e será discutida na seção 4.3. Essa ideia é a redução objetiva de uma superposição (abreviadamente **OR**), pela qual um valor atual de um observável *A* é escolhido de um leque inicialmente amplo de valores possíveis. Que tal atualização seja indispensável para uma teoria da mente é algo implicado pelos indubitáveis fenômenos de sensações e pensamento definidos em nossa experiência consciente. Ela é necessária mesmo se houver algo como uma computação quântica, pois no final do processamento paralelo nos vários ramos de superposição deve ser obtido um "resultado" definido (SM, p.356). Finalmente, Roger conjectura que a **OR** revelará os aspectos não computacionais da atividade mental.

De uma perspectiva whitcheadiana modernizada, o que está faltando – deliberadamente ou não – na teoria da mente elaborada por Roger é a ideia de mentalidade como algo ontologicamente fundamental no Universo. A explicação de Roger soa de modo suspeito como uma versão quântica do fisicismo. Nas versões do fisicismo mencionadas na seção 4.1, as propriedades mentais eram tratadas como propriedades estruturais de estados cerebrais ou como programas para a realização de cálculos por parte de aglomerados neurônicos. Roger fornece novos ingredientes para o programa de explicar fisicamente a mentalidade – a saber, coerência quântica em grande escala e uma suposta modificação da dinâmica quântica, a fim de explicar a redução de superposições. Mas essa sofisticação não enfraquece os ingênuos mas robustos argumentos contra o fisicismo apresentados na seção 4.1. As aparências de nossa vida mental não têm lugar numa ontologia fisicista, e um fisicismo regido por regras quânticas continua sendo fisicista. A filosofia do organismo de Whitehead é, em contrapartida, radicalmente não fisicista, uma vez que atribui propriedades mentalistas às mais primitivas entidades do Universo, enriquecendo, assim, conjecturalmente, a descrição física delas. A versão modernizada do whiteheadismo que propus a título de tentativa não usa a teoria quântica como um substituto para o estatuto ontológico fundamental da mentalidade, mas sim como um instrumento intelectual para explicar a imensa gama de manifestações de mentalidade no mundo, desde a completa depressão da mentalidade intrínseca até a sua intensificação de alto nível.

O contraste pode ser colocado de outra maneira. A teoria quântica é um esquema que dispõe de conceitos como estado, observável, superposição, probabilidade de transição e emaranhamento. Os físicos aplicaram esse esquema com êxito em duas ontologias muito diferentes – a ontologia das partículas, na mecânica quântica-padrão, não relativística, dos elétrons, átomos, moléculas e cristais; e a ontologia dos campos, na eletrodinâmica quântica, na cromodinâmica quântica e na teoria quântica geral de campos. Possivelmente, a teoria quântica pode ser aplicada a ontologias completamente diferentes, como uma ontologia das mentes, uma ontologia dualista ou uma ontologia de entidades dotadas de protomentalidade. As aplicações fisicistas habituais da teoria quântica foram maravilhosamente férteis em explicações de fenômenos observáveis de sistemas compósitos, inclusive macroscópicos, em termos microfísicos. Parece-me que Roger está tentando fazer algo semelhante, explicando os fenômenos mentais com uma ontologia fisicista, através de um emprego fino de conceitos quânticos. O whiteheadismo modernizado, em contrapartida, aplica o esquema da teoria quântica a uma ontologia que é *ab initio* mentalista. O whiteheadismo modernizado admite ser incipiente, impressionista e carente de predições teóricas e de confirmações experimentais claras que estabeleçam suas credenciais como uma teoria "promissora". Mas tem a grande virtude de reconhecer a inderivabilidade da mentalidade, que está faltando em todas as variedades de fisicismo. Pode ser que eu tenha lido mal ou interpretado mal ao Roger, e que na realidade ele seja mais criptowhiteheadiano do que pensei. Se assim é ou não, uma declaração explícita de sua parte sobre a questão esclareceria muito a sua posição.

Se uma versão modernizada de Whitehead ou qualquer outra teoria quântica da mente deve alcançar a maturidade e a solidariedade científicas, ter-se-á de prestar muita atenção aos fenômenos psicológicos. Existem alguns fenômenos com um "sabor quântico": por exemplo, transições da visão periférica para a focal; transições da consciência para a inconsciência; a impregnação da mente pelo corpo; intencionalidade; anomalias na localização temporal dos eventos mentais; e as composições e ambiguidades do simbolismo freudiano. Diversos livros importantes sobre a relação entre a teoria quântica e a mente examinaram os fenômenos mentais que têm um sabor quântico, em especial os de Lockwood[10] e de Stapp.[11] O próprio Roger discute alguns desses fenômenos, por exemplo as experiências de Kornhuber e de Libet sobre a contagem de espetos ativos e passivos da consciência (SM, p.385-7).

Uma séria aplicação da teoria quântica à mente também deve considerar a estrutura matemática do espaço de estados e o conjunto de observáveis. Estes não são fornecidos pelo esquema quântico. No caso da mecânica quântica e da teoria quântica de campo padrão, não relativísticas, essas estruturas são determinadas de várias maneiras: por considerações da representação de grupos espaçotemporais, pela heurística baseada na mecânica clássica e na teoria clássica de campo e, evidentemente, pela experiência. Um

---

[10] M. Lockwood, *Mind, Brain and the Quantum*, London: Blackwell, 1989
[11] Henry P. Stapp, *Mind, Matter and Quantum Mechanics*, Berlin: Springer-Verlag, 1993.

dos grandes artigos de Schrödinger sobre a mecânica ondulatória, de 1926, apresenta uma analogia maravilhosamente fértil: a geometria óptica está para a óptica ondulatória como a mecânica de partículas está para uma hipotética mecânica ondulatória. Será que não tem valor heurístico considerar uma nova analogia: a física clássica está para a física quântica assim como a psicologia clássica está para uma hipotética psicologia quântica? Evidentemente, uma das dificuldades de explorar esta analogia é que a estrutura da "psicologia clássica" é muito menos conhecida e talvez menos definida intrinsecamente do que a estrutura da mecânica clássica.

Aqui vai outra sugestão. Possivelmente os conceitos quânticos podem ser aplicados à psicologia, mas não com uma estrutura tão geométrica quanto na física quântica. Mesmo se houver uma coisa tal como um espaço de estados mentais, podemos supor que esse espaço virá a ter a estrutura de um espaço de Hilbert projetivo? Em particular, será um produto interior definido entre dois estados mentais quaisquer, que determinarão a probabilidade de transição de um para outro? Não pode acontecer de existir na natureza uma estrutura mais fraca, embora uma estrutura de tipo quântico? Existem artigos interessantíssimos escritos por Mielnik[12] que sugerem que é um conceito quântico mínimo a expressa expressabilidade de um estado "misto" de mais de uma maneira como uma combinação convexa de estados puros, ao passo que na mecânica estatística clássica um estado misto só pode ser expresso de uma única maneira, em termos de esta os puros. Outra especulação é a de que a fenomenologia das cores possa ser construída como exemplificação da ideia de Mielnik – por exemplo, as muitas diferentes maneiras de compor o branco da percepção a partir de uma mistura de luz colorida.

---

[12] Bogdan Mielnik, Generalized quantum mechanics. *Communications in Mathematical Physics*, v.37, p.221, 1974.

4.3 O problema da atualização de potencialidades

No capítulo 2, Roger classificou o problema da atualização de potencialidades (também chamado de problema da redução do pacote de ondas e de problema de medição) como um mistério X, um mistério que não pode ser resolvido sem uma mudança radical da própria teoria, em oposição àqueles que podem ser exorcizados pelo hábito. Concordo plenamente. Se a teoria quântica descreve objetivamente um sistema físico, existem observáveis do sistema que são objetivamente indefinidos num estado específico, mas se tornam definidos quando é realizada uma medição. Mas a dinâmica linear da teoria quântica exclui a atualização através de medição. A linearidade tem como consequência ser o estado final do sistema, composto de aparelho de medição mais objeto, uma superposição de termos em que o "ponteiro" observável do aparelho tem diferentes valores. Compartilho o ceticismo de Roger em relação a todas as tentativas de interpretar esse mistério, por exemplo, através de interpretações de muitos-mundos, decoerência, variáveis ocultas etc. Em um ou outro estádio de um processo de medição, a evolução unitária do estado quântico se esvai e ocorre uma atualização. Mas em qual estádio? Existem muitas possibilidades.

O estádio pode ser físico e pode ocorrer quando um sistema macroscópico se emaranha com um objeto microscópico ou quando a métrica espaçotemporal se emaranha com um sistema material. Ou o estádio pode ser mental, ocorrendo na psique do observador. Roger propõe a hipótese de que a atualização é um processo físico, em razão de instabilidade de uma superposição de dois ou mais estados da métrica espaçotemporal; o maior é a diferença de energia entre os estados superpostos, o menor é a vida média da superposição (SM, p.339-46). Todavia, a conjunção dessa conjectura com a determinação de Roger de dar conta das experiências reais na consciência impõe algumas enérgicas exigências. Ele precisa da superposição de estados cerebrais, como indicamos antes, para dar conta da globalidade da mente, mas monstruosidades tais como a superposição de ver um clarão vermelho e ver um clarão verde devem ou não ocorrer de jeito nenhum, ou ser tão passageiras que dificilmente entrem na consciência. Roger argumenta – à guisa de tentativa e de esboço – que as diferenças de energia nos estados cerebrais correspondentes a essas distintas percepções são suficientemente grandes para produzir uma breve vida média da superposição. No entanto, admite ele em vários trechos (SM, p.409-10, 419, 342-3) que está tentando realizar uma delicada caminhada na corda bamba, pois tem de manter uma coerência suficiente para dar conta da globalidade da mente e uma quebra de coerência suficiente para dar conta de eventos conscientes definidos. É muito misterioso, de fato, como um cérebro/mente que aja de acordo com as linhas esboçadas por Roger possa ser forte em seu funcionamento cotidiano.

Os recursos da família de modificações da dinâmica quântica a fim de explicar objetivamente a atualização de potencialidades ainda não foram plenamente explorados, nem por Roger nem pela comunidade de pesquisadores. Mencionarei brevemente dois caminhos que considero atrativos. O modelo de redução espontânea de Ghirardi-Weber e outros é mencionado por Roger e convincentemente criticado (SM, p.344), mas pode haver variantes dessa dinâmica que venham a escapar de suas críticas. Um segundo caminho, que ele não menciona, é a possibilidade de uma "regra de superseleção" na natureza, que previna a superposição de distintos isômeros ou conformações de macromoléculas. O motivo dessa conjectura é a consideração de que as macromoléculas agem tipicamente como interruptores na célula, ligando ou desligando processos segundo a conformação molecular. Se duas conformações distintas fossem superpostas, teríamos um análogo celular do gato de Schrödinger – um processo no limbo entre ocorrer e não ocorrer. Se a natureza obedecesse a uma regra de superseleção que proibisse tais superposições, seriam evitados certos problemas, mas seria misteriosa a razão: por que a natureza proíbe superposições de estados de conformação de moléculas complexas, mas as permite no caso das moléculas simples? E onde fica a linha divisória? No entanto, tal superseleção poderia dar conta de todas as atualizações de potencialidades para as quais temos boas evidências, e pode ter a preciosa propriedade de poder ser testada pela espectroscopia molecular.[13]

Por fim, vale observar que, de um ponto de vista whiteheadiano, a hipótese de que a atualização de potencialidades é realizada pela psique do percebedor não é tão ridícula, antropocêntrica, mística e não científica como costuma ser considerada. Segundo Whitehead, algo como a mentalidade está difuso em toda a natureza, mas a mentalidade de alto nível depende da evolução de complexos de ocasiões hospitaleiros e especiais. A capacidade que um sistema tem de atualizar potencialidades, modificando com isso a dinâmica linear da mecânica quântica, pode estar presente de forma difusa na natureza, mas é não desdenhável apenas em sistemas com mentalidade de alto nível. Eu atenuaria essa expressão de tolerância, porém, dizendo que a atribuição do poder de reduzir superposições a psique deveria ser levada a sério somente se suas implicações para um amplo leque de fenômenos psicológicos forem cuidadosamente calculadas, pois só assim haveria uma possibilidade de sujeitar a hipótese a um teste experimental controlado.

---

13 Martin Quack, Structure and dynamics of chiral molecules, *Angew. Chem. Int. Ed. Engl.*, v.28, p.571, 1989.

5

POR QUE FÍSICA?

NANCY CARTWRIGHT

Discutimos o livro de Roger Penrose, *Shadows of the Mind*, numa série de seminários conjuntos LSE/King's College em Londres "Filosofia: ciência ou teologia?". Quero começar levantando a mesma pergunta que me foi feita por um dos participantes do seminário – "Quais são as razões que Roger tem para pensar que as respostas às questões sobre a mente e a consciência devam ser achadas na física, e não na biologia?". Até onde posso ver, existem três tipos de razões, sugeridas por Roger:

(1) Podemos traçar um programa muito promissor para fazer isso dessa maneira. Esse é potencialmente o mais poderoso tipo de razão que podemos fornecer para um projeto como o de Roger. Realmente, positivista como sou, em oposição tanto à metafísica quanto a argumentos transcendentais, eu estaria pronta para alegar que esse é o único tipo de argumento a que deveríamos dar bastante peso. Evidentemente, a força com que esse tipo de argumento suporta um projeto dependerá de quão promissor for o programa – e quão minucioso. O que está claro é que a proposta de Roger – primeiro postu-

lar uma coerência quântica macroscópica através de microtúbulos do citoesqueleto e depois procurar as características especiais não computacionais da consciência num novo tipo de interação quântico-clássico – não é um programa detalhado. Sua promessa certamente não reside no fato de ser o próximo passo natural numa bem assentada agenda de pesquisa progressiva. Se a acharam promissora, deve ser pela ousadia e pela imaginação das ideias, pela convicção de que uma nova interação desse tipo é, em todo caso, necessária para pôr em ordem a mecânica quântica, e pelo forte compromisso de que, se deve haver uma explicação científica para a consciência, ela deve ser, em última instância, uma explicação *física*. Acho que esse último ponto deve com certeza desempenhar um papel-chave se tivermos de julgar promissor o programa de Roger. Mas obviamente, na medida em que ele desempenha um papel, o fato de julgarmos promissor o programa não pode ser razão para considerarmos que é a física, e não alguma outra ciência, que fará o trabalho.

(2) O segundo tipo de razão para pensar que a física por si mesma dará a última explicação é o fato indubitável de que partes da física – sobretudo o eletromagnetismo – contribuem para o nosso entendimento do cérebro e do sistema nervoso. Atualmente costumamos descrever a transmissão de mensagens usando conceitos dos circuitos elétricos. Parte da história do próprio Roger se baseia em consequências totalmente recentes do eletromagnetismo: supõe-se que diferentes estados de polarização elétrica num dímero tubulino sejam a base de diferenças na configuração geométrica que faz que os dímeros se curvem em ângulos diversos em relação ao microtubo. Mas esse tipo de argumento não vai bastar. O fato de que a física conte parte da história é uma razão insuficiente para concluir que ela deva contar a história inteira.

Às vezes a química é lembrada nesse ponto para alegar o contrário. Pois bem, ninguém negaria que um bocado da história será contado pela química. Mas as partes relevantes da química são elas próprias apenas física, supostamente. É exatamente esta a maneira como o próprio Roger fala sobre ela: "As forças químicas que controlam a interação dos átomos e das moléculas têm de fato origem na mecânica quântica e, em ampla medida, é a ação química que governa o comportamento das substâncias *neurotransmissoras* que transmitem sinais de um neurônio para outro – através de minúsculos intervalos chamados *fendas sinápticas* [*synaptic clefts*]. Da mesma maneira, os potenciais de ação que controlam fisicamente as próprias transmissões nervo-sinal têm reconhecidamente origem na mecânica quântica" (SM, p.348). A química entra em campo em defesa da física, em resposta às minhas dúvidas acerca do gigantesco salto inferencial entre "a física conta parte da história" e "a física conta toda a história". Mas agora esse mesmo salto inferencial reapareceu de novo um nível abaixo. Notoriamente, não temos nada como uma redução real de partes importantes da física química à física seja ela quântica ou clássica.[1] A mecânica quântica é importante para explicar certos aspectos dos fenômenos químicos, mas os conceitos quânticos são sempre usados ao lado de conceitos *sui generis* – ou seja, não reduzidos – de outros campos. Eles não explicam os fenômenos em si mesmos.

(3) A terceira razão para pensarmos que a física explicará a mente é metafísica. Podemos ver a cadeia de conexões de Roger. Gostaríamos de supor que a função da mente *não é misteriosa*; isso significa que ela pode ser explicada em *termos científicos*; significa que ela pode ser explicada nos termos *da física*. Em meu seminário, a pergunta "Por que não a biologia?" foi levantada pelo conhecido estatístico James Durbin. E acho que

---

1 Ver R. F. Hendry, Approximations in quantum chemistry, in: Niall Shanks (Org.) *Dealisation in Contemporary Physics*: Poznan Studies in the Philosophy of the c Sciences an Humanities, Amsterdam: Rodapé, 1997. R. G. Woolley, Quantum theory and molecular structure, *Advances in Physics*, v.25, p.27-52, 1976.

ela é relevante. Como estatístico, Durbin vive num mundo sarapintado. Estuda padrões de características que vêm de todo tipo de campos, tanto científicos quanto práticos. O mundo de Roger, em contrapartida, é o mundo do *sistema unificado*, tendo a física como a base da unificação. A razão, penso eu, desse tipo de física-ismo é a ideia de que, sem isso, não dispomos de nenhuma metafísica satisfatória. Sem o sistema, ficamos com uma espécie de dualismo inaceitável, ou, para usar a palavra de Roger, misterioso. É esse o tópico que quero discutir,[2] pois acho que a ideia de que não há uma alternativa razoável tem um poder real sobre muitos físicos. Existe o sentimento de que quem leva a física a sério como algo que realmente descreve o mundo tem de acreditar na sua hegemonia.

Por quê? Aparentemente existe um número muito, muito grande de diferentes propriedades em ação no mundo. Algumas delas são estudadas por uma disciplina científica, algumas por outra, algumas, ainda, estão na intersecção entre diferentes ciências, e a maioria não é estudada por absolutamente nenhuma ciência. O que legitima a ideia de que por trás das aparências elas sejam realmente as mesmas? Acho que duas coisas: uma é a excessiva confiança na sistematicidade de suas interações, e, a outra, uma valorização excessiva do que a física realizou.

Eu observaria, no entanto, que essa limitação na perspectiva metafísica que considera possível apenas um tipo de monismo física-ista também está muito disseminada na filosofia, mesmo entre aqueles que resistem à redução das ciências particulares à física. Veja-se o caso da filosofia da biologia, em que o reducionismo

---

2   Para detalhes dos argumentos contra o sistema único, ver John Dupre, *The Disorder of Things*: Metaphysical Foundations of Disunity of Science, Cambridge, MA: Harvard University Press, 1993; Otto Neurath, *Unified Science*, Vienna Circle Monograph Series, trad. inglesa de H. Kael, Dordrecht: D. Reidel, 1987.

esteve durante muito tempo fora de moda, e agora uma espécie de emergentismo está de novo sendo levado a sério, com propriedades e leis surgindo renascidas com níveis cada vez maiores de complexidade e de organização. Mesmo assim, a maior parte não consegue ir além de uma espécie de monismo: eles se sentem forçados a insistir na "superveniência". *Grosso modo*, dizer que as propriedades da biologia sobrevêm às da física é dizer que, se tivermos duas situações que são idênticas em relação ação a suas propriedades físicas, elas têm de ser idênticas em relação às suas propriedades biológicas. Isso não significa, dizem eles, que as leis biológicas se reduzam a leis físicas, uma vez que as propriedades biológicas não precisam ser definíveis nos termos da física. Mas isso significa que as propriedades biológicas não são propriedades separadas e independentes em si mesmas, pois são determinadas pelas propriedades da física. Uma vez colocada a descrição da física, a descrição biológica só pode ser o que é. As propriedades biológicas não têm um estatuto completamente independente. São cidadãos de segunda classe.

Levar a sério que as propriedades biológicas sejam propriedades separadas, causalmente efetivas em si mesmas, não é ter em pouco caso a evidência empírica. Tenho como certo o que vemos na ciência: às vezes a física ajuda a explicar o que está acontecendo nos sistemas biológicos. Mas ocorre aqui o mesmo que eu disse sobre a química: raramente sem a ajuda também de descrições biológicas *sui generis*, não reduzidas. Podemos inverter um *slogan* que usei de um jeito diferente em outro lugar: sem biologia dentro, nada de biologia fora.[3] O que vemos é descrito mais naturalmente

---

[3] Durante a discussão, Abner Shimony fez as seguintes observações em relação a esta questão: "Nancy Cartwright propugnou que se discuta a mente no contexto da biologia, de preferência ao da física. Aplaudo a parte positiva de sua requisição. Evidentemente, há muito que aprender sobre a mente da biologia evolutiva, da anatomia, da neurofisiologia, da biologia desenvolvimental etc. Mas não concordo que a investigação da relação da mente com a física seja estéril. Laços entre disciplinas deveriam ser buscados tão profundamente quanto possível; relações entre todos e partes devem ser buscadas tão profundamente quanto possível. Não se sabe *a priori* aonde essas investigações vão levar, e em diferentes áreas os resultados foram muito di-

como uma interação entre características biológicas e físicas, com uma afetando a outra. Temos também identificações muito contextualizadas e localizadas de uma descrição biológica e física, bem como uma boa dose de cooperação causal – com propriedades biológicas e físicas atuando juntas para produzirem efeitos que nenhuma delas pode causar sozinha. Passar disso a "Tudo tem de ser física" é exatamente o salto inferencial gigantesco que me vem preocupando. O que vemos pode ser consistente com o seu "tudo ser física", mas com certeza não destaca essa conclusão e, de fato, ao que parece, aponta para outra direção.[4]

Parte da razão para pensar que tudo deva ser física é, creio eu, uma interpretação do fechamento. Os conceitos e leis de uma boa teoria física devem constituir um sistema fechado em si mesmo: isso é tudo de que precisamos para sermos capazes de fazer predições sobre esses mesmíssimos conceitos. Acho que essa é uma visão errônea – ou pelo menos injustificadamente otimista – do su-

---

ferentes. Assim, o teorema de Bell e as experiências que ele inspirou mostraram que as correlações exibidas por sistemas emaranhados espacialmente separados não podem ser explicadas por nenhuma teoria que atribua estados definidos ao sistema individual – uma grande vitória do holismo. A prova, de autoria de Onsanger, de que o modelo bidimensional de Ising sofre transições de fase mostra que uma ordem de longo alcance pode ser exibida num sistema infinito em que os componentes só interagem com seus vizinhos mais próximos – uma vitória do ponto de vista analítico e da redutibilidade da macrofísica à microfísica. Ambos os tipos de descoberta – holístico ou analítico – revelam algo importante acerca do mundo. A investigação de relações entre disciplinas não viola a validade das leis fenomenológicas dentro das disciplinas. Tais investigações podem fornecer elementos heurísticos para leis fenomenológicas refinadas e também podem oferecer uma compreensão aprofundada de tais leis. Quando Pasteur sugeriu que a quiralidade das moléculas é responsável pela rotação do plano de polarização da luz que passa através das soluções, ele descobriu a estereoquímica".

4 Para uma discussão adicional sobre esse ponto, ver Nancy Cartwright, Is natural science natural enough? A reply to Phillip Allport, *Synthese*, v.94, p.291, 1993. Para uma discussão mais elaborada do ponto de vista geral aqui trazido à baila, ver Nancy Cartwright, Fundamentalism vs the patchwork of laws, *Proceedings of the Aristotelian Society*, 1994; e, idem, Where, the world is the quantum measurement problem, in: L. Kreuger, B. Falkenburg (Org.) *Physik, Philosophie und die Einheit der Wissenschaft, Philosophia Naturalis*, Heidelberg: Spektrum, 1995.

cesso da física. Mais ou menos na mesma época em que a ideia de superveniência se tornou preeminente na filosofia, o mesmo ocorreu com a ideia de uma ciência particular. Essencialmente, todas as ciências, exceto a física, são ciências particulares. Isso significa que suas leis só se mantêm, no melhor dos casos, *ceteris paribus*. Só se mantêm enquanto nada vindo de fora do campo da teoria em questão interfira.

Mas o que gera a confiança de que as leis da física são mais do que leis *ceteris paribus*? Nossos espantosos êxitos de laboratório não mostram isso. Também não o mostra o sucesso newtoniano em relação ao sistema planetário, que tanto impressionou a Kant. E tampouco o mostram as grandes exportações técnicas da física tubos de vácuo ou transistores ou magnetômetros SQUID. Pois tais aparelhos são feitos para garantir que não vá ocorrer nenhuma interferência. Eles não testam se as leis ainda valem quando fatores de fora do campo da teoria desempenham um papel. Há, evidentemente, a crença geral de que, no caso da física, nada poderia interferir, exceto fatores adicionais que podem eles próprios ser descritos na linguagem da física e estão sujeitos às suas leis. Mas é claro que é este, justamente, o ponto em questão.

Quero terminar com uma observação sobre o realismo. Venho apontando para um tipo de visão pluralista de todas as ciências lado a lado, num pé mais ou menos igual, com vários tipos diferentes de interações entre os fatores estudados em seus diferentes campos. Esse é um quadro que muitas vezes vai de par com uma ideia de que a ciência é uma construção humana que não espelha a natureza. Mas esse não é um nexo necessário. Kant tinha a posição exatamente oposta: é precisamente porque construímos a ciência: que o sistema unificado não é só possível, mas necessário. No entanto, hoje em dia, esse quadro pluralista é muitas vezes associado ao construtivismo social. Assim, é importante ressaltar que o pluralismo não implica um antirrealismo. Dizer que as leis da física são verdadeiras *ceteris paribus* não é negar que elas sejam verdadeiras. Elas apenas não são totalmente soberanas. Não é o realismo em relação à física que o pluralismo questiona, mas sim o imperialismo. Assim, não quero levar-nos a uma discussão do realismo científico. Em vez disso, quero que Roger discuta o seu compromisso de que a física é que deve fazer o trabalho. Pois isso precisa estar pressuposto se a discussão já versa sobre a questão de se será esse ou aquele tipo de física. A questão não é se as leis da física são verdadeiras e de alguma maneira têm a ver com o funcionamento da mente, mas se são toda a verdade ou devem arcar com o ônus explanatório.

6

AS OBJEÇÕES DE UM REDUCIONISTA QUE NÃO SE ENVERGONHA DE SÊ-LO

STEPHEN HAWKING

Para começar, eu diria que sou um reducionista que não se envergonha de sê-lo. Creio que as leis da biologia podem ser reduzidas às da química. Já vimos isso acontecer com a descoberta da estrutura do DNA. E, além disso, acredito que as leis da química possam ser reduzidas às da física. Acho que a maioria dos químicos concordaria comigo.

Roger Penrose e eu trabalhamos juntos numa estrutura de espaço e tempo em grande escala, incluindo singularidades e buracos negros. Concordamos muito bem sobre a teoria clássica da relatividade geral, mas começaram a aparecer discordâncias quando chegamos à gravidade quântica. Hoje temos abordagens muito diferentes em relação ao mundo, físico e mental. Basicamente, ele é um platônico que acredita que há um único mundo de ideias que descreve uma única realidade física. Eu, de outro modo, sou um positivista que acredita que as teorias físicas são apenas modelos matemáticos que construímos e que não tem sentido perguntar se eles correspondem à realidade, mas apenas se predizem observações.

Essa diferença na abordagem levou Roger a fazer três afirmações nos capítulos 1-3 de que discordo energicamente. A primeira é que a gravidade quântica causa o que ele chama de **OR**, redução objetiva da função de onda. A segunda é que esse processo desempenha um papel importante no trabalho do cérebro, através de seu efeito sobre fluxos coerentes pelos microtúbulos. E a terceira é que seja necessário algo como **OR** para explicar a autoconsciência, em razão do teorema de Gödel.

Vou começar com a gravidade quântica, que é o que conheço melhor. A sua redução objetiva da função de onda é uma forma de decoerência. Essa decoerência pode acontecer através de interações com o meio ambiente ou através de flutuações na topologia do espaço-tempo. Mas Roger parece não querer nenhum desses mecanismos. Em vez disso, afirma que tal ocorre por causa da ligeira deformação do espaço-tempo produzida pela massa de um pequeno objeto. Todavia, segundo as ideias aceitas, essa deformação não impedirá uma evolução hamiltoniana, sem decoerência ou redução objetiva. Pode ser que as ideias aceitas estejam erradas, mas Roger não propôs uma teoria detalhada que nos permita calcular quando a redução objetiva ocorreria.

A motivação de Roger para propor a redução objetiva parece ter sido libertar o coitado do gato de Schrödinger de seu estado de meio morto, meio vivo. Certamente, nesses dias de libertação dos animais, ninguém recomendaria tal procedimento, mesmo como experiência de pensamento. No entanto, Roger fez questão de afirmar que a redução objetiva era um efeito tão fraco que não poderia ser experimentalmente distinguido da decoerência causada pela interação com o meio ambiente. Se isso for verdade, a decoerência ambiental pode explicar o gato de Schrödinger Não há necessidade de evocar a gravidade quântica. A menos que a redução objetiva seja um efeito forte o suficiente para ser medido de modo experimental, ela não pode fazer o que Roger quer que ela faça.

A segunda afirmação de Roger era que a redução objetiva exerce uma influência significativa sobre o cérebro, talvez por meio de seu efeito nos fluxos coerentes através de microtúbulos. Não sou um especialista no funcionamento do cérebro, mas isso parece muito improvável, mesmo se eu acreditasse na redução objetiva, o que não é o caso. Não consigo pensar que o cérebro contenha sistemas que estejam isolados o bastante para que a redução objetiva possa ser distinguida da decoerência ambiental. Se eles estivessem tão isolados assim, não interagiriam rapidamente o bastante para participar dos processos mentais.

A terceira afirmação de Roger é que a redução objetiva é de algum modo necessária porque o teorema de Gödel implica que a mente consciente seja não computável. Em outras palavras, Roger acredita que a consciência seja algo específico dos seres vivos e não possa ser simulada num computador. Ele não torna claro como a redução objetiva possa dar conta da consciência. Em vez disso, seu argumento parece ser o de que a consciência é um mistério e a gravidade quântica é outro mistério, e assim podem estar relacionadas.

Pessoalmente, não me sinto à vontade quando falam, especialmente os físicos teóricos, sobre a consciência. A consciência não é uma qualidade que se possa medir de fora. Se um homenzinho verde fosse aparecer à nossa porta amanhã, não seríamos capazes de dizer se ele é consciente e autoconsciente ou apenas um robô. Prefiro falar sobre a inteligência, que é uma qualidade que pode ser medida de fora. Não vejo razão para que a inteligência não seja simulada num computador. Certamente não podemos simular a inteligência humana por enquanto, como Roger mostrou com seu problema de xadrez. Mas ele também admitiu que não há linha divisória entre a inteligência humana e a inteligência animal. Assim, seria suficiente examinar a inteligência de uma minhoca. Não creio que exista alguma dúvida de que possamos simular um cérebro de minhoca num computador. O argumento de Gödel é irrelevante porque minhocas não se preocupam com sentenças Π_1.

A evolução dos cérebros de minhoca até os cérebros humanos provavelmente aconteceu através da seleção natural darwiniana. A qualidade selecionada era a capacidade de escapar dos inimigos e de reprodução, não a capacidade de fazer matemática. Assim, mais uma vez, o teorema de Gödel não é relevante. Só que a inteligência necessária para a sobrevivência também pode ser usada para construir provas matemáticas. Mas esse é um negócio de êxito incerto. Certamente não dispomos de um procedimento reconhecidamente sólido.

Disse-lhes por que discordo das três afirmações de Roger de que exista uma redução objetiva da função de onda, de que ela desempenhe um papel no funcionamento do cérebro e de que seja necessário explicar a consciência. Faço melhor agora deixando Roger responder.

7

ROGER PENROSE RESPONDE

Sou grato pelos comentários de Abner, Nancy e Stephen, e queria fazer a algumas observações em resposta. No que se segue, responderei separadamente a cada um deles.

Resposta a Abner Shimony

Em primeiro lugar, permitam-me dizer que apreciei muito os comentários de Abner, que julgo extremamente úteis. No entanto, sugere ele que, ao concentrar-me na questão da computabilidade, eu possa estar tentando escalar a montanha errada! Se com isso ele está indicando que existem muitas importantes manifestações de mentalidade além da não computabilidade, concordo plenamente com ele. Concordo também que o argumento do quarto chinês de Searle apresenta um caso convincente contra a posição "IA [Inteligência Artificial] forte" de que a computação possa sozinha provocar a mentalidade consciente. O argumento original de Searle tratava da qualidade mental do "entendimento", como a minha discussão "gödeliana", mas o quarto chinês também pode ser usado (talvez com força ainda maior) contra outras qualidades mentais, como a sensação de um som musical ou a percepção da cor vermelha. A razão pela qual não me vali dessa linha de argumentação em minha discussão, porém, é que ela tem um caráter inteiramente negativo, e não nos dá nenhuma pista real sobre o que está realmente acontecendo com a consciência, nem indica nenhuma direção em que devamos avançar se quisermos tentar ir na direção de uma base científica para a mentalidade.

A linha de raciocínio de Searle preocupa-se apenas com a distinção **A/B**, na terminologia que adotei no capítulo 3 (cf. também *Shadows*, p.12-6). Vale dizer, ele quer mostrar que os aspectos *internos* da consciência não são encapsulados pela computação. Isso não é o bastante para mim, pois preciso mostrar que as manifestações *externas* de consciência tampouco podem ser alcançadas pela computação. Minha estratégia não é tentar atacar os problemas internos, muito mais difíceis, nesta fase, mas tentar fazer primeiro algo mais modesto, procurando entender que tipo de física poderia concebivelmente dar origem ao tipo de comportamento externo que pode ser exibido por um ser consciente – assim, é a distinção **A/C** ou **B/C** que me preocupa nesta fase. Minha tese é que de fato é possível algum progresso aqui. Certo, ainda não estou tentando armar um forte assalto ao *verdadeiro* pico, mas creio que, se pudermos primeiro transpor um de seus contrafortes significativos, estaremos numa situação muito melhor para enxergar o caminho que leva ao cume real a partir de nosso novo ponto de observação.

Abner menciona a(s) minha(s) carta(s) de resposta à resenha feita por Hilary Putnam de meu livro *Shadows*, observando que não ficou convencido com o que eu tinha a dizer. Na realidade, não tentei realmente responder a Putnam em detalhe, pois não achei que a seção de cartas de uma revista fosse o melhor lugar para entrar numa discussão minuciosa. Só quero indicar que, na minha opinião, as críticas de Putnam eram uma paródia. Eram especialmente irritantes porque não davam nenhuma indicação de sequer ter ele lido as partes do livro visadas nos pontos que levantou. Haverá uma resposta muito mais detalhada na revista (eletrônica) *Psyche*, tratando de várias diferentes resenhas de *Shadows*, que espero responda aos pontos que incomodam a Abner.[1] Na realidade, creio que o ponto gödeliano, é, na raiz, um argumento muito poderoso, ainda que algumas pessoas pareçam relutar muito em aceitá-lo. Não vou renunciar a algo que creio ser um argumento basicamente correto apenas porque certas pessoas têm dificuldades com ele! Meu ponto é que ele nos oferece uma importante pista sobre o tipo de física que poderia estar subjacente ao fenômeno da consciência, mesmo que, sozinho, ele certamente não nos dará a resposta.

Acho que estou basicamente de acordo com os pontos positivos em que Abner insiste. Está intrigado com a falta de menção a obra filosófica de A. N. Whitchead tanto em *Emperor* quanto em *Shadows*. A razão principal para tanto é, de minha parte, a ignorância. Não quero dizer com isso que não tinha conhecimento da posição geral de Whitchead, com a qual defende uma forma de "pan-psiquismo". Quero dizer que não li nenhuma das obras filosóficas de Whitchead com algum vagar e assim eu relutaria em comentar a sua proximidade ou não de meu próprio pensamento. Acho que a minha posição geral não está em desacordo com a que Abner expõe, embora não esteja preparado para fazer aqui nenhuma afirmação definida, em parte por falta de uma clara convicção sobre aquilo em que realmente acredito.

Considero o "whitcheadismo modernizado" de Abner particularmente notável, com uma plausibilidade sugestiva. Vejo agora que o tipo de coisa que deve ter estado por trás de minha mente está muito próximo do que Abner expressa com tanta eloquência Além disso, ele está certo ao dizer que *emaranhamentos* em grande escala são necessários para que a unidade de uma única mente desponte como uma forma de estado quântico coletivo. Embora eu não tenha explicitamente afirmado nem em *Emperor* nem em

---

[1] Já publicada em janeiro de 1996; http://psyche.cs.monash.edu.au/psyche-index-v2_1.html, e há agora uma versão impressa, publicada pela MIT Press, 1996.

Shadows a necessidade de que a mentalidade seja "ontologicamente fundamental no Universo", acho que algo dessa natureza é de fato necessário. Não há dúvida de que há algum tipo de protomentalidade associada com cada ocorrência de OR, a meu ver, mas ela teria de ser incrivelmente "minúscula" em algum sentido apropriado. Sem algum emaranhamento difuso com uma estrutura altamente organizada, admiravelmente adaptada a algum tipo de "capacidade de processamento de informação" – como ocorre nos cérebros –, a autêntica mentalidade provavelmente não despontaria de modo significativo. Acho que é só porque as minhas ideias estão sendo tão mal formuladas aqui que não arrisco nenhuma afirmação mais clara sobre a minha posição nessas questões. Sou sinceramente grato a Abner por seus comentários esclarecedores.

Também concordo em que se podem obter algumas intuições significativas explorando possíveis analogias e descobertas experimentais sobre o tema da psicologia. Se efeitos quânticos são realmente fundamentais para os nossos processos conscientes de pensamento, deveríamos começar a considerar algumas das implicações desse fato sobre certos aspectos de nosso pensamento. De outro modo, devemos ser muitíssimo cautelosos nesse tipo de discussão, sem pularmos para conclusões e cairmos em falsas analogias. Tenho certeza de que todo esse campo é um viveiro cheio de armadilhas. Pode ser que existam experiências razoavelmente bem delineadas que possam ser realizadas, no entanto, e seria interessante explorar essas possibilidades. Evidentemente, pode haver outros tipos de testes experimentais que possam ser feitos e que possam estar mais especificamente relacionados com a hipótese do microtúbulo.

Abner menciona a mecânica quântica não hilbertiana de Mielnik. O interesse desse tipo de generalização do esquema da teoria quântica sempre me impressionou e é algo que creio deveria ser mais estudado. Não estou totalmente convencido, porém, de que seja precisamente esse o tipo de generalização necessário. Dois aspectos dessa ideia específica me deixam acabrunhado. Uma delas é que, como no caso de outras abordagens da (generalização da) mecânica quântica, com efeito, ela se concentra mais na *matriz densidade* do que no estado quântico, como a maneira de descrever a realidade. Na mecânica quântica ordinária, o espaço das matrizes densidade constitui um conjunto convexo, e os "estados puros" que teriam uma única descrição de vetor de estado ocorrem na fronteira desse conjunto. Esse quadro surge de um espaço de Hilbert ordinário, sendo um subconjunto do produto tensorial do espaço de Hilbert e seu complexo conjugado (isto é, dual). Na generalização de Mielnik, retém-se esse quadro geral de "matriz densidade", mas não há um espaço de Hilbert linear subjacente a partir do qual seja construído o conjunto convexo. Gosto da ideia de generalizar a partir da noção de um espaço de Hilbert linear, mas fico apreensivo com a perda de aspectos holomórficos (complexo-analíticos) da teoria quântica, perda esta que parece ser uma característica dessa abordagem. Não se retém um análogo de um vetor de estado, até onde posso entender, mas apenas de um vetor de estado a menos de uma fase. Isso torna as superposições complexas da teoria quântica particularmente obscuras no interior do formalismo. Evidentemente, poder-se-ia alegar que são essas superposições que provocam todo o problema à escala macroscópica e talvez devêssemos livrar-nos delas. Todavia, elas são inteiramente fundamentais no nível quântico, e acho que nessa maneira particular de generalizar as coisas podemos estar perdendo a parte positiva mais importante da teoria quântica.

Minha outra fonte de acabrunhamento está ligada ao fato de que os aspectos não lineares de nossa mecânica quântica generalizada deviam ser estabelecidos para lidar com os processos de medição, havendo um elemento de *assimetria temporal* implicado aqui (ver *Emperor*, capítulo 7). Não vejo esse aspecto das coisas desempenhar um papel no esquema de Mielnik tal como se encontra.

Finalmente, gostaria de expressar meu apoio à busca de melhores esquemas teóricos em que as regras básicas da mecânica quântica sejam modificadas, e também de experiências que possam ser capazes de distinguir entre tais esquemas e a teoria quântica convencional. Até agora, não deparei com nenhuma sugestão de uma experiência realizável atualmente que seja capaz de testar o tipo específico de esquema que promovi no capítulo 2. Estamos ainda algumas ordens de grandeza aquém, por enquanto, mas talvez apareça alguém com uma ideia melhor para um teste.

Resposta a Nancy Cartwright

Sinto-me encorajado (e lisonjeado) ao ouvir que *Shadows* foi seriamente discutido nas séries LSE/King's College a que Nancy se refere. Contudo, ela se diz cética a que tentemos responder questões acerca da mente nos termos da física, de preferência a nos termos da biologia. Em primeiro lugar, eu deveria esclarecer que certamente não estou dizendo que a biologia não seja importante em nossas tentativas de resolver essa questão. Na realidade, acho provável que os avanços realmente significativos, no futuro próximo, venham mais provavelmente do lado biológico do que do lado físico – mas sobretudo porque o que precisamos da física, na minha opinião, é uma grande revolução; e quem sabe quando ela acontecerá?

Todavia, imagino que não é a esse tipo de concessão que ela vise – mas sim a algo que conte em relação ao meu respeito pela biologia como capaz de fornecer "o ingrediente fundamental" da compreensão da mentalidade em termos científicos. De fato, do meu ponto de vista, poderia ser possível termos uma entidade consciente que não fosse biológica de modo algum, no sentido que usamos o termo "biologia" atualmente – mas não seria possível que uma entidade fosse consciente se não incorporasse o tipo particular de processo *físico* que considero essencial.

Dito isso, não estou totalmente certo sobre qual a posição de Nancy com relação ao tipo de linha que deva ser traçado entre a biologia e a física. Tenho a impressão de que ela está sendo um tanto pragmática em relação a essas questões, dizendo que não tem nada contra considerar a consciência um problema físico, se isso ajudar a fazer progressos. Assim, pergunta ela: posso realmente indicar um programa específico de pesquisa em que os físicos, e não os biólogos, nos ajudem a avançar de maneira fundamental? Acho que minhas propostas conduzem a um programa muito mais específico do que ela parece sugerir. Afirmo que devemos procurar estruturas no cérebro com algumas propriedades físicas muito definidas. Elas devem ser tais que permitam a existência de estados quânticos bem protegidos e espacialmente extensos, que persistam por, no mínimo, algo ao redor de um segundo; que os emaranhamentos envolvidos nesse estado o propaguem por áreas do cérebro razoavelmente grandes, provavelmente envolvendo muitos milhares de neurônios ao mesmo tempo. Para sustentar um tal estado, precisamos de estruturas biológicas com uma construção interna muito precisa, provavelmente com uma estrutura de tipo cristal, e capaz de ter uma influência importante nas intensidades sinápticas. Não acho que a transmissão nervosa comum possa ser suficiente por si só, pois não há uma possibilidade real de obter o isolamento necessário. Coisas como grades vesiculares pré-sinápticas, como foram sugeridas por Beck e Eccles, poderiam estar desempenhando certo papel, mas, segundo penso, os microtúbulos citoesqueletais parecem dispor mais das qualidades relevantes. Pode ser que existam muitas outras estruturas nessa espécie de escala (como clatrinas) que sejam necessárias para o quadro completo. Nancy está sugerindo que o meu quadro não é muito detalhado, mas parece-me que ele é muito mais detalhado do que quase todos os que vi e tem potencial para ser calculado de maneira muito específica, com muitas oportunidades de teste experimental. Concordo que muito ainda é necessário antes de nos aproximarmos de um quadro "completo" – mas acho que temos de ir em frente com cautela, e ainda não espero testes definitivos antes de algum tempo. Isso é algo que precisa de mais trabalho.

 A questão mais séria levantada por Nancy parece ter mais a ver com o papel que ela vê a física desempenhar em nossa visão geral do mundo. Acho o que talvez ela considere que o estatuto da física venha sendo superestimado. Talvez ele venha sendo superestimado ou pelo menos a visão do mundo que os físicos de hoje tendem a apresentar pode ser extremamente exagerada no que se refere à sua proximidade da completude, ou mesmo à correção!

Entendendo (de modo válido, a meu ver) que a teoria física atual é uma colcha de retalhos de teorias, Nancy sugere que ela possa permanecer assim para sempre. Talvez o último objetivo do físico, o de um quadro completamente unificado, seja realmente um sonho inatingível. Considera ela que é metafísica, e não ciência, até mesmo colocar essa questão. Eu, de minha parte, não tenho certeza de qual a atitude a tomar quanto a isso, mas não acho que realmente precisemos ir tão longe na consideração do que é preciso aqui. A unificação foi uma tendência claramente geral na física, e veio muitas razões para esperar que essa tendência persista. Seria necessária uma ousada expressão de ceticismo para afirmar o contrário. Tomemos o que considero ser a mais importante "colcha de retalhos" da moderna teoria física, a saber, a maneira como os níveis clássico e quântico de descrição são costurados – de modo muito inconvincente, a meu ver. Poder-se-ia adotar a linha de que devemos simplesmente aprender a viver com duas teorias basicamente incompatíveis, que se aplicam a dois diferentes níveis (o que, imagino, era mais ou menos a visão expressa de Bohr). Pois bem, podemos seguir com essa atitude nos próximos anos, mas, como as medições vão tornando-se mais precisas e começam a sondar a linha divisória entre esses dois níveis, vamos querer saber como a Natureza lida na realidade com essa fronteira. Talvez a maneira como alguns sistemas biológicos se comportam possa depender criticamente do que aconteça nessa linha divisória. Suponho que a questão seja se esperamos encontrar uma bela teoria matemática que dê conta do que nos parece ser uma grande confusão, ou é a física "realmente" apenas uma desagradável confusão nesse nível. Com certeza não! Não há dúvida sobre de que lado os meus instintos ficam nessa questão.

Tenho a impressão, no entanto, a partir das observações de Nancy de que ela pode estar pronta para aceitar apenas uma desagradável confusão nas leis da física nesse estágio.[2] Talvez essa seja uma das coisas que ela poderia estar querendo afirmar quando diz que a biologia não é redutível à física. Evidentemente, pode haver muitíssimos parâmetros desconhecidos e complicados desempenhando papéis importantes nos sistemas biológicos, nesse nível. Para lidar com esses sistemas, mesmo quando todos os princípios físicos subjacentes forem conhecidos, pode ser necessário, na prática, adotar todo tipo de suposições, procedimentos de aproximação, métodos estatísticos e talvez novas ideias matemáticas, para oferecer um tratamento científico razoavelmente efetivo. Mas, do ponto de vista da física-padrão, mesmo que os detalhes de um sistema biológico nos apresentem uma confusão desagradável, não há confusão nas próprias leis físicas subjacentes. Se as leis físicas forem completas sob esse aspecto, de fato, "as propriedades da biologia vêm depois das da física".

No entanto, estou sustentando que as leis físicas-padrão não são completas sob esse aspecto. Pior ainda, afirmo que não são

---

[2] Durante a discussão, Nancy Cartwright reiterou a sua posição sobre a questão:
"Roger acha que uma física que não pode encarar sistemas abertos é uma física má. Eu, pelo contrário, acho que ela pode muito bem ser uma física muito boa – se as leis da natureza forem uma colcha de retalhos, como imagino que possam ser. Se o mundo está cheio de propriedades não redutíveis às da física, mas que interagem causalmente com aquelas que o são, então a física mais acurada será necessariamente uma física *ceteris paribus*, que pode contar-nos a história inteira somente sobre sistemas fechados.

Qual desses pontos de vista está provavelmente certo? Considero essa uma questão metafísica, metafísica no sentido de que qualquer resposta para ela ultrapassa em muito a evidência empírica de que dispomos, inclusive a da história da ciência. Aconselho vivamente que se evite esse tipo de metafísica sempre que possível, e, quando decisões metodológicas exigirem um compromisso de um ou de outro lado, que nos resguardemos ao máximo. Quando tivermos de apostar, eu avaliaria as probabilidades de um modo muito diferente daqueles que empenham sua fé somente na física – a ciência moderna é uma colcha de retalhos, não um sistema unificado. Se tivermos de apostar sobre a estrutura da realidade, acho que seria melhor projetá-la a partir da melhor representação da realidade que temos – e isso é a ciência moderna tal como existe, não como fantasiamos que ela possa existir."

totalmente corretas em aspectos que poderiam ser muito importantes para a biologia. A teoria-padrão leva em conta uma abertura de certo tipo – no processo **R** da mecânica quântica convencional. Da perspectiva normal, isso simplesmente dá origem a uma autêntica aleatoriedade, e é difícil ver como um novo princípio "biológico" possa estar desempenhando um papel aqui, sem perturbar a autenticidade de sua aleatoriedade – o que significaria mudar a teoria física. Mas estou afirmando que as coisas são piores do que isso. O procedimento **R** da teoria-padrão é *incompatível* com a evolução unitária (**U**). Dito brutalmente, o processo **U** de evolução da teoria quântica-padrão é grosseiramente inconsistente com fatos observacionais manifestos. Da perspectiva-padrão, contorna-se o problema através de vários dispositivos de diversos graus de plausibilidade, mas o fato bruto permanece. A meu ver, não há dúvida de que esse é um problema físico, seja qual for a sua relação com a biologia. Possivelmente é um ponto de vista coerente dizer que uma Natureza "colcha de retalhos" possa simplesmente conviver com essa situação – mas duvido muito de que nosso mundo seja realmente assim.

Além desse tipo de coisa, simplesmente não entendo o que possa ser uma biologia que não venha depois da física. O mesmo se aplica à química. (Nisto não vai nenhum desrespeito por nenhuma dessas duas disciplinas.) Algumas pessoas me expressaram algo análogo ao dizer que não conseguem conceber uma física cuja ação seja não computável. Essa não é uma opinião antinatural, mas o universo de "modelo de brinquedo" que descrevi no capítulo 3 dá certa ideia de como poderia ser uma física não computável. Se, analogamente, alguém puder dar-me uma ideia de como possa ser uma "biologia" que não venha depois de sua "física" correspondente, então poderei começar a levar a sério tal ideia.

Permitam-me voltar à que considero ser a principal questão de Nancy Cartwright: por que acredito que devamos dirigir nossas esperanças de uma explicação científica da consciência para uma nova física? Minha breve resposta é que, de acordo com a discussão de Abner Shimony, eu simplesmente não vejo nenhum lugar para a mentalidade consciente dentro de nossa atual representação física do mundo – sendo a biologia e a química partes dessa representação do mundo. Além disso, não vejo como possamos mudar a biologia para que não seja parte dessa representação do mundo sem também mudarmos a física. Será que ainda se iria querer chamar uma representação do mundo de "baseada na física" se contiver elementos de protomentalidade num nível básico? Essa é uma questão de terminologia, mas pelo menos é uma questão com que estou razoavelmente feliz no momento.

Resposta a Stephen Hawking

Os comentários de Stephen sobre ser ele um positivista poderiam levar a que se espere que ele seja simpático também a uma representação "colcha de retalhos" da física. No entanto, ele considera que os princípios-padrão da mecânica quântica **U** são imutáveis, até onde posso entender, em sua abordagem da gravidade quântica. Realmente não vejo por que ele é tão antipático à autêntica possibilidade de que a evolução unitária possa ser uma aproximação de algo melhor. Eu, de minha parte, estou feliz com o fato de ser isso algum tipo de aproximação – como a magnificamente precisa teoria gravitacional de Newton é uma aproximação da de Einstein. Mas isso, no meu entender, tem muito pouco a ver com platonismo/positivismo, enquanto tais.

Não concordo em que a decoerência ambiental possa sozinha superpor o gato de Schrödinger Minha tese sobre a decoerência ambiental era que, uma vez que o meio ambiente se torna inextricavelmente emaranhado com o estado do gato (ou com qualquer sistema quântico que esteja sendo considerado), não parece fazer nenhuma diferença prática qual o esquema de redução objetiva que se prefira seguir. Mas sem *algum* esquema para a redução, mesmo que seja um FAPP ("para todos os propósitos práticos") meramente provisório, o estado do gato simplesmente permaneceria como uma superposição. Talvez, de acordo com a postura "positivista" de Stephen, ele realmente não se importe com o que o estado do gato unitariamente evoluído seja, e prefira uma descrição da "realidade" por matriz densidade. Mas isso, na realidade, não nos faz contornar o problema do gato, como mostrei no capítulo 2, nada havendo na descrição por matriz densidade que assevere que o gato esteja ou morto ou vivo, e não em alguma superposição das duas coisas.

Com relação à minha proposta específica de que a redução objetiva (**OR**) seja um efeito gravitacional quântico, Stephen está certamente correto em que "de acordo com as ideias físicas aceitas, uma deformação do espaço-tempo não impede uma evolução hamiltoniana", mas o problema é que, sem a entrada de um processo **OR**, as separações entre os diferentes componentes espaço-temporais podem ir se tornando cada vez maiores (como no caso do gato) e parecem desviar-se cada vez mais da experiência. Além disso, embora as minhas ideias estejam longe de completamente detalhadas no que se refere ao que creio deva estar acontecendo nesse nível, pelo menos sugeri um critério que está, em princípio, sujeito a teste experimental.

Com relação à probabilidade da relevância de tais processos para o cérebro, concordo que eles pareceriam "muito improváveis" – não fosse o fato de que algo muito estranho está realmente acontecendo no cérebro consciente, algo que me parece (e também a Abner Shimony) estar além do que podemos entender em termos de nossa atual representação física do mundo. Evidentemente, esse é um argumento negativo, e temos de usar de muita cautela para não exagerarmos com ele. Acho que é muito importante examinarmos a neurofisiologia real do cérebro, e também outros aspectos da biologia, com extremo cuidado, para tentarmos ver o que está realmente ocorrendo.

Finalmente, há o meu uso do argumento de Gödel. Toda a questão em relação ao uso desse tipo de discussão é que se trata de algo que *pode* ser medido de fora (isto é, estou preocupado com a distinção entre **A/C** e **B/C**). Além disso, com relação à seleção natural, o ponto preciso que eu estava defendendo é que uma habilidade específica para fazer matemática não era o que estava sendo selecionado. Se ela o tivesse sido, então teríamos sido apanhados na camisa de força gödeliana, o que não aconteceu. Todo o ponto do argumento, sob esse aspecto particular, é que o que foi selecionado foi uma capacidade geral de *entendimento* – a qual, como um aspecto incidental, também podia ser aplicada ao entendimento matemático. Essa capacidade tem de ser não algorítmica (em razão do argumento gödeliano), mas se aplica a muitas coisas além da matemática. Nada sei sobre minhocas, mas tenho certeza de que os elefantes, cães, esquilos e muitos outros animais compartilham conosco boa parte dessa capacidade.

CRÉDITOS DAS FIGURAS

Roger Penrose, *The Emperor's New Mind*, Oxford: Oxford University Press, 1989: 1.6, 1.8, 1.11, 1.12, 1.13, 1.16(a), (b) e (c), 1.18, 1.19. 1.24, 1.25, 1.26, 1.28 (a) e (b), 1.29, 1.30, 2.2, 2.5(a), 3.20.

Roger Penrose, *Shadows of the Mind*, Oxford: Oxford University Press, 1994: 1.14, 2.3, 2.4, 2.5 (b), 2.6, 2.7, 2.19, 2.20, 3.7, 3.8, 3.10, 3.11, 3.12, 3.13, 3.14, 3.16, 3.17, 3.18.

High Energy Astrophysics, M. S. Longair, Cambridge: Cambridge University Press, 1994: 1.15, 1.22.

Cortesia de Cordon Art-Baarn-Holland © 1989: 1.17, 1.19.

SOBRE O LIVRO

Coleção: UNESP/Cambridge
Formato: 14 x 21 cm
Mancha: 23 x 42,5 paicas
Tipografia: Schneidler 10/14
Papel: Offset 75 g/m² (miolo)
Cartão Supremo 250 g/m² (capa)
1ª edição: 1998

EQUIPE DE REALIZAÇÃO

Produção Gráfica
Edson Francisco dos Santos (Assistente)

Edição de Texto
Fábio Gonçalves (Assistente Editorial)
Ingrid Basílio (Preparação de Original)
Nelson Luís Barbosa
Ana Paula Castellani (Revisão) e
Barbara Eleodora Benevides Arruda (Atualização Ortográfica)

Editoração Eletrônica
Roberto Y. Matuo (Diagramação e Edição de Imagens)
Spress Diagramação e Design

Impressão e acabamento